# 鳥類学は、あなたのお役に立てますか?

川上和人

新潮社

# はじめに　鳥類学者の罪と罰

カチ、コチ、カチ、コチ、カチ、コチ

会議室の時計がいつもより響く。イライラの証拠だ。

私は小笠原諸島の生態系保全のための委員会に出席していた。保全には時間がかかるので、何年も委員を引き受けている。

一方で行政や事務局の担当者は数年で、時には1年で入れ替わる。おかげで引き継ぎは不十分、同じ過ちが繰り返され、環境保全上の損失を引き起こす。

心の中で独り言《ひとりご》ちるのはいつものことだ。

「だーかーらー、緑茶は、無理なんです！」

おっと失礼、自己紹介を忘れていた。

私は美女とカフェインに滅法弱い鳥類学者だ。小笠原諸島を中心に、鳥類の生態や保全の研究をしている。特に無人島での研究を得意とし、噴火で話題になった西之島や、国内最後の秘境・南硫黄島などに挑んでいる。

そんな私には、午前10時以後に緑茶を飲むと夜に眠れなくなるという弱点がある。むろんコーヒーもダメだ。まるでギズモのような愛らしさが自分でも恨めしい。

眠れぬ夜にはＮｅｔｆｌｉｘだ。午後ローでやっていそうなパニック映画に身をまかせ、サメの頭が５つに増えたり、巨大化したカニを撃退したりしている間に、90分なんてあっあっあーーっという間だ。この手の映画は荒唐無稽な魅力があり、鑑賞後には心の整理に時間がかかる。俄然翌日は寝不足がみなぎり、当社比２割増しの溜息が二酸化炭素濃度を急上昇させ、地球温暖化の引き金になる。これは環境保全上の大きな損失である。

そもそもカフェインを提供するとはどういう了見だ。あれは植物が作る防御物質である。種子や葉を昆虫に食べられないために生産してる殺虫剤である。そんなものをありがたがって摂取するなぞ、まったく人類の頽廃ここに極まれりというところか。

「いやぁ、夜に飲んでも全然眠れちゃいますよー」

殺虫剤が効かないとはなんたる厚顔無恥。私なら昆虫以下の鈍感さと恥じ入り乙女のように頰を赤らめるところだ。そも、カフェインが効かないなら、カフェインレス飲料でよいだろう。世界中の飲み物をことごとくノンカフェインにすれば、労働効率が上がり景気が回復し、誰も困らない。飲料メーカーがカフェイン除去専門職を大量募集すれば、雇用創出にも効果的だ。

飲料を口にせず３時間超えの会議で議論を続けると、発言のたびに口から水分が蒸発しミイラ化が進む。飲めば寝不足地獄、飲まねば即身仏。その心境はデビルマン直前の不動明のごとし。これが会議の実態である。

## トニー・スタークの辟易

緑茶とにらめっこしている間にも、会議は踊り、しかも進んでいく。カフェイン対応以外はソツなく引き継ぎがなされており、保全に向けて議論は順調に白熱する。

小笠原の保全の会議には、行政、研究者、地元NPO、農協、漁協、商工会など、多くの関係者が出席する。小笠原は本州から1000㎞南にある孤島のため、一堂に会するのは容易ではない。しかし、立派な海底ケーブルが敷設されたおかげで、テレビ会議システムによりインターネットを介してストレスなく議論可能になった。惑星タトゥイーンで戦いながら評議会とやりとりできる時代ももう目前だ。

保全に関わる会議というと、開発vs保護という図式が思い浮かぶかもしれない。ジェダイとシスが血で血を洗う戦いを繰り広げ、勝っても負けても無傷ではすまない。確かに小笠原でもそんな時代があった。

20世紀後半、小笠原諸島に飛行場を建設する計画が進められていた。6日に1便の定期船のみでは、急患にも親の死に目にも対応できないことを考えると、その必要性も理解できる。しかし、小笠原は狭く父島ですら24㎢、諸島全体でも105㎢しかない。1000㎢を超える沖縄島やハワイ・オアフ島とは、東映版スパイダーマンとマーベル版スパイダーマンぐらいの差があるのだ。

　そんな小さな島で、生態系にインパクトを与えずに滑走路を敷くことは難しい。最終的には環境へのインパクトの大きさから当時の環境庁によるストップがかかり、建設は見送られたが、この時はまさにライトセーバーを切り結ぶような対決的議論だったと伝え聞く。

　しかし、最近の小笠原における保全の議論は対立的構図を前提としない。小笠原諸島は2011年に世界自然遺産に登録され、すべての事業は生態系の適切な保全を基礎においている。そもそも事業の多くは、外来生物の駆除や、希少生物の保全が目的であり、行政も島民も研究者も、同じ方向を向いているのだ。

　日本には、対立的な構図で開発と保全の折り合いがつかない場所もまだ多くある。そんな地域に比べれば贅沢な話ではあるが、この状況にも悩みがある。

　対立がある場合、適切な保全という出口のために過剰な主張をすることも戦略の一つだ。利益が相反する両者が力一杯ロープを引き合うことで、中間地点に落とし所が見出される。しかし、小笠原ではロープを引っ張る両者が保全側にいるため、保全と保全の間での塩梅が必要になる。これをアベンジャーズ症候群と呼ぼう。

　2013年、小笠原諸島の無人島である兄島でグリーンアノールという外来のトカゲの侵入が確認された。このトカゲは父島や母島で次々に在来昆虫を絶滅の危機に追い詰めてきた実力者だ。同じ悲劇を繰り返さないため、兄島ではこのトカゲの駆除が行われている。このトカゲはカフェインを多めに食べさせると死ぬことがわかっているが、駆除手法としてはまだ実用化されていない。

トカゲの拡散抑制を目的に島を分断するフェンスを立てるためには、在来植物を伐採する必要があった。作業のため無人島に行くと、陸産貝類を捕食する外来のプラナリアが靴に付着して有人島から侵入する恐れがある。モニタリングのために歩き回れば、猛禽類の繁殖を攪乱《かくらん》する。何より大規模な予算を投入することで、他の保全事業が遅れる可能性もある。外来植物の駆除、ヤギやネズミの根絶、陸産貝類や希少昆虫の飼育、喫緊の課題は一つや二つではない。ソーが活躍すればアイアンマンが僻み、スパイダーマンが目立つとアントマンが謹慎するというわけだ。

1種を守るために、他を犠牲にしていいわけではない。適切な優先順位をつけ、適切な方法を選択し、適切にモニタリングする。ほころびが見つかれば、シナリオを見直す。守るべきものは、鳥か、昆虫か、はたまた植物か。互いの専門性に敬意を払いつつ、最良の道を見極めるのだ。

小笠原では、世界遺産登録を機に研究者の発言力が高まり、無責任発言がしづらくなった。「そーだー、やれやれー、もっと鳥をまもれー」とか言うだけならラクだが、そういうわけにもいかず、真剣勝負の会議に疲労困憊するのだ。

## パッション

小笠原の生物研究者は、一定の年齢を超えると保全事業に徴用される。とはいえ必ずしも元から保全をテーマにしているわけではない。私も、興味の中心は他にある。

小笠原諸島には百個以上の島がある。1㎢以上の島が14個、1ha以上なら46個、それ以下の島は無数にある。島とは、「高潮時にも水面上にある自然に形成された陸地」だ。「岩」という名のものも含めて島なのだ。

小さいながらも、これらの島にはそれぞれの生態系がある。南硫黄島は諸島最高標高916mを誇り、山頂は一年中雲霧に包まれる。西之島は噴火で生物相がチャラになり、有人島の父島には大きな湾が発達している。わずか5m四方の無名の小島でも、水たまりにボウフラが湧き、岩の隙間に植物が生える。海水だまりでも繁殖できるのは小笠原固有種セボリヤブカだ。

各島の生物相はそれぞれにユニークである。私が最初に研究したメグロという小鳥は、過去に7つの島でしか確認されていない。カツオドリという海鳥は30以上の島で繁殖しているが、同じく海鳥であるオオアジサシは1島にしかいない。近隣の似たような島でも、面積や環境、過去の歴史により異なる生物相が成立する。この不可思議が私の灰色の大脳皮質を刺激するのだ。

しかし同時に、鳥類をはじめとした多くの生物が絶滅の縁に立たされている。主な原因が人間の経済活動にあることは疑いようがない。研究対象が絶滅しては研究が成立しない。このため、生物学者は保全事業に関わらざるを得なくなる。

それだけではない。私たちは保全事業に身を捧げ罪を贖《あがな》う責任がある。

野外生物学者はおしなべてエゴイストだ。自然に隠されたワンダーを解き明かすためと大義を並べ、その自然を攪乱する。植物を伐って道を作り、昆虫を黄泉比良坂《よもつひらさか》に案内し、土壌を踏み固める。

あれは北硫黄島に調査に行った時のことだ。歩いていた私に驚き、雛を守っていたカツオドリが飛び立ってしまった。雛は30㎝ほどに育っているし、15分もすれば親鳥も帰ってくる。大きな問題はないと思っていた。しかし、そこに目を疑う阿修羅地獄が展開された。

巣の周辺にいた数十個体のオカヤドカリが、守護者のいなくなった巣内の雛に迫る。彼らのハサミは大きく強い。オカヤドカリたちはそのハサミで雛をついばみ始めたのだ。

雛は抗うすべもなく、真白い綿羽がみるみる血に染まる。雑食性のオカヤドカリが、生きた鳥を襲うことは稀だ。しかし、食物の乏しい島では、雛も彼らの食物となりうるのだ。私が近くにいると親鳥は帰ってこない。しかもオカヤドカリは天然記念物なので、手出しができない。できることは雛を残して立ち去ることだけだった。

野外で成果を得るには犠牲がつきまとう。その代償に、せめて保全に携わることで贖罪しなくてはならない。これが私のもう一つの弱点、「研究者としての社会的責任」だ。

## オニソロジスト、嘘つかない

諸々の委員仕事で年間40日ほど拘束されたりする。週休2日換算なら2ヶ月分、カゲロウ成虫換算なら40輪廻転生分だ。しかも会議が増えても日常業務が減るわけではない。そろそろ委員会対応の仕事を軽減したいお年頃だ。

さて、この本には目的がある。鬼ごっこからの勝ち抜けである。委員会というものは、誰かにタッチするまで委員から下りられない。身代わりを立てるには、まずは種を蒔く必要がある。

世の中に鳥学の愉快さを広めれば、志す若者が増える。いずれその中から私の後進が現れ、委員の責務をバトンタッチという寸法だ。その日のため、活字を通して鳥学の魅力を普及するのである。

しかし戦略を誤り、冒頭から楽しくない会議の話題を披露してしまった。今後は辛いことは伏せ、楽しいことばかり強調しよう。嘘つきは大泥棒への第一歩だが、事実の一部を意図的に伏せて流布することはあくまで真実の範疇《はんちゅう》だ。崇高な目的ゆえ、鳥学の神様もご理解くださろう。

「前回は失礼しました。今日は大丈夫です」

事務局担当者は笑顔を咲かせ、私を席に誘《いざな》う。他の席に緑茶のボトルが並ぶ中、ここだけパッケージが異なる。ふむ、反省してノンカフェインを用意したのだな。私も笑顔で応じて席に着き、さりげなく目を走らせる。

「玄米茶」……そう書いてある。

ふむふむ、それは玄米で作ったお茶ではないぞ。半分は緑茶だぞ。なぜきっぱりと水か麦茶にしてくれんのかね。

こうしてまた、私の長い3時間が始まる。

# 鳥類学は、あなたのお役に立てますか？　目次

はじめに　鳥類学者の罪と罰　1

第一章　鳥類学者、絶海の孤島リターンズ　19

1　南硫黄島・逆襲再訪編
ザ・フライ／ピクセル／バーティカル・リミット
ヒッチコックの憂鬱／トランスポーター

2　南硫黄島・土壇場未練編
ヘップバーンと朝食を／船の上のオニソロジスト
ゴッドファーザー／ドローンの凱旋

第二章　鳥類学者には、秘密がある　39

1　ファルコン・リビングデッド
もう元には戻れない／絶滅請負人
僕のメガネ、知りませんか？／ゴーストバード・バスターズ

2　ツヌガアラシト
裾の長さに気をつけて／武器よさらば／シルエット・ロマンス／オニに金棒

3　日没する島の夜明け
三つの手がかり／海からの贈り物／ピーナッツ・パーティ／この世に明けぬ夜はなし
4　べっぴんさん、こんにちは
カエル男の上陸／ネズミ軍団の侵攻／海鳥たちの沈黙／寂しがり屋のべっぴんさん

## 第三章　鳥類学者は、妄想する

77
1　僕の名前はバンナーマン
もちろん間違ってはいませんよ／鳥の名は／運命の1973／歴史の翻弄／逆転の2018
2　梅雨空のオセアノサウルス
恐竜金槌奇譚／ポセイドン・アドベンチャー／豊玉姫の誘惑／最後の障壁
3　ミゾゴイの耳はパンの耳
ミはミミのミ／ゾはゾウカシテナイのゾ
ゴはゴウリテキのゴ／イはイチマンノイメージのイ
4　ダンスはうまく踊れない
もちろんこれも仕事です／言葉はいらない／川上英語化計画／会議は踊る
5　プラネット・トリノ
白い家／鳥の惑星／黒き支配者／今ハ昔ノ物語

第四章　火山島の、鳥類学者　123

1　火山・颱風・鮫・熱射　西之島軽挙妄動編
調査隊ビギンズ／第二次隊リターンズ／旗を掲げよ／想定の範囲内

2　火山・颱風・鮫・熱射　西之島前言撤回編
大海原の片隅で／天使と悪魔／考える人

第五章　鳥類学者は、名探偵　143

1　オガサワラカワラヒワ・オガサワラカワラヒワ・オガサワラカワラヒワ
絶滅ごっこ／小鳥たちの食卓／サタンの正体

2　休むに似たり
果実があれば大丈夫／いくつもの冬を越えて
タンニンがとけるほど恋したい／柿の下で逢いましょう

3　ジャイアント・ウォーキング
鳥類学者の当然／カレル・チャペックの啓示／鳥はロボット
こうべたれのすけ／初心者におすすめの一台

## 第六章　鳥類学者は、振り向かない　173

1 目録編集物語
あなたの鳥を数えましょう／7度目の夜明け／ぶつかる壁は厚い／夜明けの前が一番暗い

2 太平洋ひとりぼっち
6つの手がかり／イカは飛ぶ／追うか、追わないか／ヒメはご機嫌麗しゅう

3 真夏の夜の夢
18時間／海鳥楽園後始末／夜はこれから／午前9時のシンデレラ

4 異邦人の境界
越えてはいけない／自然の本質／似て非なる／第二の疑問／最後の疑問

5 そこにしかいない
ケントの正体／ダブルスタンダード／固有種の本質

6 インフィニティ・ハピネス・エクストリーム
あのころ／いま

おわりに　鳥類学者の役と得　227

おわりにのおわりに　ティンカー・ベルのお願い　236

両親に捧ぐ

鳥類学は、あなたのお役に立てますか？

# 第一章

# 鳥類学者、絶海の孤島リターンズ

# 1 南硫黄島・逆襲再訪編

## ザ・フライ

ハエを食べたことがあるだろうか。私は、ある。

その島の名は南硫黄島。小笠原諸島の南部に位置する無人島だ。島への立ち入りは厳しく制限されており、原生の自然が残されている。10年ぶりの調査のため、私は山頂を訪れた。

人の影響を知らないこの島では、絶滅を免れた海鳥が所狭しと繁殖する。多数の鳥がいれば、相応の死体が生産される。カラスもネズミも魍魎もいない島では、ハエとカニが分解者の役割を果たす。特にハエはハエ算的に数を増やし、夜にもなると山頂がハエの雲に包まれ、大気の構成割合は窒素8割、ハエ2割に達する。

おかげさまで、呼吸のたびに多数のハエが口内に侵入する。しかし私は夜間調査をしなくてはならない。10年前のまだ未熟だった私はこれを防ぐ術を知らず、一呼吸ごとに強烈な不快感が口腔と海馬に刻み込まれた。このトラウマを払拭するため、10年かけて対抗策を用意してきた。

口を閉じ鼻呼吸に転じるのだ。鼻孔は口に比べて小さく、ハエの侵入は最小限に抑えられるだろう。ハエ天国恐るるに足らず。天の岩戸を前に狼狽《うろた》えるハエどもの姿が眼に浮かぶわ！

……しかし、現実は厳しかった。

ハァー、クショッ！

一つ、新しいことを学んだ。ハエとコショウは同じ成分でできている。これをハエくしゃみ反射と名付けよう。くしゃみをしたい時はぜひ試すとよい。口呼吸と同等の吸気を取り入れると、ハエが溶けた空気が容赦ない勢いで鼻孔を刺激する。口なら吐き出せるが鼻ではそうはいかず、不快感は倍増だ。思わず深呼吸をして10年前と同じ轍を踏み、結局被害が鼻まで広がっただけであった。

## ピクセル

この絶海の孤島は周囲を崖で囲まれており、有史以来人間の干渉を拒んでいる。奇跡的に残された原生環境に、立ち入り制限は必須の策だ。

その一方で、世界自然遺産に指定されている小笠原諸島の価値を明らかにすることも研究者に課せられた使命だ。保全と研究のバランスから、この島では10年ごとの総合調査が計画されている。前回調査から10年を経た２０１７年、東京都と日本放送協会、首都大学東京が共同で調査隊を編成し、私は鳥類調査の担当者として参加した。

外来生物対策を施した荷物を背負い、調査隊はこの島にアタックした。半径約１㎞、標高約１㎞の島は、急傾斜と猛傾斜でできている。事前にルート工作班が設置したフィックスロープづたいに、傾斜60度の崩落地を登る。この島の低標高地には乾燥した崖地と絶望しかない。しかし標高５００ｍを超えると雲霧帯が形成され、豊かな森林が展開される。そこが調査地だ。

まずは幕営場所となる標高５００ｍのコルを目指して崩落地を登る。コルとは尾根の鞍部《あんぶ》のことだ。登攀《とうはん》ルートは不安定な傾斜地なので、人が歩けば落石が生じる。原因は人間だけではない。

「岩を落としたのは私じゃありません。確かに、カニが岩下の砂を掘っていたんです。やったのはカニなんです！」

甲殻類調査担当がそう語った。この島には陸生のカクレイワガニがそこら中を歩き回り、サルカニ合戦の恨みを晴らすべく暗躍している。時には金星人の頭ほどの、時には火星人の頭ほどの大きさの岩が落ちてくる。こういう時に焦ってはいけない。落石は周囲の岩にぶつかり軌道を変えながら進む。冷静に軌跡を読み、動きを予測し、牛若丸のごとくに岩を躱《かわ》すのである。

「ラーク！　ラーック！」

進行方向から声がする。どうやら落石があったようだ。後方に注意喚起するためラクと叫ぶ。少し巻き舌で発音すれば「ロック」っぽく聞こえるので、外国人にも通じるらしい。

ヒラリ。ヒュンッ。キアヌ・リーブスの鼻先を残像を残しながら岩がかすめる。小学生時代にやり込んだドンキーコングが役立つ時が来たようだ。

そうこうするうちにコルに到着する。10年前には低木が茂り、狭いながらも平らな場所が確保できた。しかし眼前にそんな場所はない。10年の間に、尾根の両側が土砂崩れを起こし、アーメン型の拳の上が、イタダキマス状になっている。両側が削れた尾根は、ブレイブ・メン・ロードのごとき細さだ。

人間は不思議なもので、予定が狂っても事前の計画通りに動こうとする。脳が予定通りと錯覚し、心が落ち着くのかもしれない。この錯覚から、私は奈落を両脇に従えた細尾根の上に寝袋を置いてしまった。ルールは一つ、寝返り打ったらサヨウナラ。命がけのゲームの第二ステージが人知れず始まる。

## バーティカル・リミット

緊張の一晩を過ごした私は、疲れの漲《みなぎ》る体で山頂を目指す。試合に勝って勝負に負けたとはこのことか。

このルート沿いの風景もまた、記憶と異なる。10年前には草地と裸地が混じる歩きやすい開放地だった。しかし、そこは胸高に迫るブッシュで覆われていた。ルート自体は同じなのに、マッドマックスとマッドマックス2ぐらいの違いがある。以前見た開放地は、遷移の途中の一時的な環境だったのだ。

この島は1982年にも調査が行われた。当時の隊員は林内を歩いて山頂に至ったと証言していた。2007年に開放地を歩いた私は、異なるルートを通ったのかと思っていた。しかし、どうやらそうではなさそうだ。以前の森林地帯が、2007年の直前に土砂崩れを起こし裸地となり、10年をかけて藪が育ち我々を出迎えたのだ。

環境の変化に思いを馳せながら、私たちは再び山頂を踏んだ。隊員たちは狭い山頂を覆うススキにダイブして、360度に展開された青空を仰ぎ、心地よい疲労感に身を任せた。しかし、そんな中で一人の若い登山家がそわそわしている。

「お前も疲れろよ！」

ルート工作の時、隊員の一人が彼にそう叫んだそうだ。重い荷物を担ぎブッシュを切り開きながら、一向に疲れようとしない体力過多の登山家に向けられた魂の叫びだ。体力に余裕のある彼は、山頂を通過して島の反対側に新たなルートを開拓して行く。

未踏地の調査も今回のミッションだ。山頂の向こうはその候補地である。彼の前に道はなく、彼の後ろに道はできる。北に向かう緩斜面を下り、展望が開けた斜面に広がっていたのは、木生シダの海にガクアジサイの花が浮かぶ独特の風景である。

　亜熱帯の小笠原諸島では、背の高い木生シダ群落は珍しくない。しかし、温帯に分布するアジサイが混じる風景はとてもユニークだ。小笠原最高標高を誇るこの島では、山頂部に冷涼な環境が生まれ、アジサイが自生している。ここは亜熱帯と温帯をつなぐ島なのだ。

## ヒッチコックの憂鬱

　この島で繁殖する海鳥の多くはミズナギドリ類とウミツバメ類で、昼間は海で採食し、夜になると島の営巣地に帰ってくる。

　太陽が海に沈むと、あちこちの方角から黒い影が集まり、繁殖地にぼたぼたと落ちてくる。海鳥の長い翼は海上での滑空に高性能を発揮する反面、小回りがきかず、地上に軟着陸できない。このため、繁殖地では雨のように海鳥が降りそそぐのだ。

　一般に海鳥は海岸沿いに生息する。しかし、南硫黄島では島全体に海鳥が営巣する。そして山頂部一帯は、世界で唯一のクロウミツバメの繁殖地となっている。広い宇宙の中で、この鳥の調査はここでしかできない。口や鼻に侵入するハエは不愉快だが、休む暇はない。縦横無尽に空から降る鳥をキャッチし、足環をつけ放鳥する。ゲームウオッチでシェフをやり込んだ本領が発揮され、過去にこの島では見つかっていなかったオーストンウミツバメの繁殖も発見できた。

海鳥の饗宴は夜を徹して続く。彼らは時には草むらに絡まり、時には昆虫捕獲用のバケツ型トラップに突っ込んでひっくり返し、なぜか私が昆虫調査班に平謝りする。テントの中からは調査員の悲鳴が響く。隙間から忍び込んだ海鳥が顔の上で休息を取るのは日常茶飯事だ。ついでに彼らは、人間に驚くと吐き戻しをする。消化管内で熟成された魚介類の破壊力は経験したものにしかわからない。ナンマンダブ、ナンマンダブ。

しかし、それも一時的なものだ。ドラキュラ伯爵的黒装束に身を包んだ海鳥たちは、日の出を前に木に登り始める。翼が長すぎて陸地から羽ばたいて飛び立つのが苦手なので、高いところから飛び降りるのだ。手を休めた私を木と勘違いしたのか、いつの間にか1羽のクロウミツバメが肩の上にとまっていた。ラナとテキィのような光景に、自然と笑みが浮かぶ。

「オァエエエ」

私と目のあったクロウミツバメは、その驚きを肩の上に残し、海に向かって飛び立った。油断した。サイアク、ムカツク。

## トランスポーター

海鳥が生態系の中で果たす役割の解明も、調査目的の一つだ。海鳥は海で魚を獲り、陸で排泄をするため、植物の栄養となる窒素などの養分を陸域に供給する。海由来の物質が土に入り、その土で植物が育つ。植物を昆虫が食べ、昆虫をトカゲや鳥が食べ、動物の死体をハエやカニが食べる。こうして、海の栄養が陸上生物の体内に行き渡る。人間が干渉した島々では、海鳥が絶滅し、この循環は失われている。人跡未踏の南硫黄島だからこそ、このサイクルの本来の状態を把握できるのだ。

生物の体内に含まれる安定同位体の割合を調べれば、海由来の物質の流入が計測できる。それぞれの生物の調査班の協力で、分析用サンプルが収集された。過酷なフィールドワークとラボでの分析を組み合わせることで、また一つ小笠原の生態系の真の姿に迫れそうである。

調査を終えた私たちは、再びフィックスロープに身を預け崖下を目指す。疲れた私が、途中で命綱のカラビナと間違えてＧＰＳのカラビナをロープにかけて放置し、全調査地データを失いかけたことは内緒の話だ。崩落地を下降していると、周囲に白い花が目立つ。２００７年にはなかった外来植物、オオバナノセンダングサだ。おそらく海鳥が持ち込んだのだろう。

この植物の種子には棘があり、人の服や鳥の羽毛に付着する。そして、多数の海鳥が繁殖する小笠原諸島の南島や東島、聟島《むこじま》列島などにも侵入している。長距離飛翔を得意とする海鳥にとって、数百㎞の海は障壁の役割を果たさない。なまじ個体数が多い海鳥が運び屋となり、どこかの島から移入したのだ。

原生の自然というと、鬱蒼《うっそう》として安定した森林がイメージされる。しかし、南硫黄島の環境はわずか10年で大きく変化していた。変化に合わせ、昆虫やカタツムリ、鳥の分布も変わっていた。

　この島は生まれて数万年の若い島だ。まだ地形が安定しておらず、あちこちで土砂崩れが起き、鴨長明がしたり顔をする。裸地は草地に、藪に、森林に遷移し、環境が変化し続ける。常にどこかが崩れモザイク状に環境が維持されることで、全体として多様性が保たれる。そして、時には海鳥が客人を招き変化に拍車をかける。

　10年に一度の調査は、この転がり続ける生態系を把握するためのものだ。十年一日ではない面白さがあるからこそ、調査はやめられない。再び行けるなら、今度はハエ対策にエラ呼吸を試みたい。上手に改造してもらえるならショッカーに捕まってもいい。どこからでもかかってこい、怪人。

# 2　南硫黄島・土壇場未練編

## ヘップバーンと朝食を

最近ルンバを飼い始めた。もちろん、背中にヒレをつけてジョーズごっこをするためだ。いそいそと厚紙のヒレをガムテープで貼り、サメ子と名付けた。

名前をつけることは、対象を個の存在と認めることを意味する。大量生産の機体から、かけがえのない我が家の一員に昇華するのだ。

インドア派の私はそんな室内遊戯で十分に満足なのだが、ひょんなことから本物のサメがひしめく大海原を漂うことになった。海上を進む船から外を眺めていると、名もなき岩礁が波間に見え隠れする。島国日本にはそんな無名の岩がたくさんある。そのままじゃかわいそうなので、これらに名前をつけようという動きが２００９年に始まった。排他的経済水域の根拠となる国境離島に正式な名前をつけ、国家的に可愛がろうという寸法だ。

岩を見ながら名前を考えてみる。藻類がついて赤くなっているから、リンゴ島だな。彫りの深い横顔に見えるはゴリラ岩。風が吹くとヒューヒュー音がするから、ラッパ島。ふむふむ、偶然にも名前がしりとりになっている。

答え合わせのため、国土地理院の地図を見る。これらは２０１２年に名付けられた島々だ。えーと、あれが「南小島」で、そっちが「南南東小島」で、こちらが「東南東小島」。ふむふむ、偶然にも名前がしりとりになっている。

他にも北北西小島や南南西上小島など、いっそ潔さすら感じる無造作な名前の島が並んでいる。きっと命名者は、飼いネコにキャットと名付けて宝石店前でパンを食べちゃうタイプに違いない。そんな名前をつけられてじっと耐えている島も島だ。嫌なら嫌とはっきり断わるべきである。南南西下小島に謂《いわ》れなき説教をたれていると、その背後で威容を誇る山体が否が応でも目に入る。

南硫黄島だ。

## 船の上のオニソロジスト

２０１７年の南硫黄島探検隊の調査基地は、第三開洋丸の上にあった。10年前の調査の時には海岸にベースキャンプを置いた。島に基地があれば、職住近接的に都合が良い。しかし、海岸では不安定な転石がカマイタチと共謀して足をすくい、烏天狗が狙いを定めて落石を誘発し、子泣き爺が灼熱の日射しに姿を変えて体力を削る。しかも2週間滞在するための水と食料を荷揚げする労力は半端なものではない。このため今回は調査船上に基地を設定したのだ。

調査船は快適だ。船内は冷房、ベッドには白いシーツ、食堂では専属コックが温かい食事を用意してくれる。今日はハウスかバーモントかと、カレー選びしか楽しみのないキャンプ生活とはわけが違う。冷房で風邪をひきそうだと苦情が出るほどの快適生活だ。

隊員にとっては休息もまた仕事のうちだ。南硫黄島を前にして甲板にも出ず、漫画雑誌を読みふける贅沢。インドア派冥利に尽きる。

机の上には日焼け止めクリームとアネロン・ニスキャップが山積み。いざという時のため、船にはドクターが待機。島から戻れば真水のシャワー。傷口にしみる海水風呂すら心地よい。

非番の日には、上陸隊員を見送りそして出迎える。学術面では比類なき成果を誇る研究者が出陣を前に甲板上でブツブツしゃべっている。「あれ、おかしい。ファスナーが閉まらない」陸戦型隊員が着なれぬウェットスーツを裏返しで着る姿は南硫黄あるあるだ。山上ではエンドレスルート工作をスタミナで圧倒する登山家が、乗船するとわずか3秒で船酔いして倒れる姿も微笑ましい。二物を与えぬ天の配剤に、心温まるひと時だ。

天気がよいと船員が釣りを始める。キハダマグロやツムブリに混じり、頭だけになった魚が釣り上がる。はて、水棲型の飛頭蛮《ひとうばん》だろうか。

「サメだな」「サメですね」

せめて気休めを言う優しさはないのかね。やはり自宅でサメ子と戯れておればよかった。まったく、泳いで上陸する身にもなってくれ。

充電を終えた隊員は船上ミッションを始める。植物担当は採集した植物を乾燥させて標本化し、昆虫担当は土壌をツルグレン装置にかける。ツルグレン装置は、試料に光をあててスタコラ逃げ出す土壌動物を一網打尽にする悪魔的な装置だ。

そんな船上で私に課せられたミッションは、ドローン調査である。

## ゴッドファーザー

今回の調査には、プロのドローンパイロットが2名同行している。観光地ではしばしば墜落して社会面を賑わせるドローンだが、野外研究にとっては鬼にバズーカ、ヴィン・ディーゼルにニトロエンジンな画期的機材である。そして、操縦者に撮影すべきエリアを指定するのが私の役目だ。

現地踏査は野外調査の基礎だ。葉裏に潜むカタツムリや地底でほくそ笑む海鳥を陽光の下に引きずり出すには、直接的な調査が不可欠である。ただしその視界に映るのは、調査ルートの片側10mのわずかな世界だ。果たしてそこが典型的な環境かどうかすらわからない。

そこでドローンである。忠実なる下僕は天空から大地を睥睨《へいげい》し、魔物の巣食う幽谷も天女が舞う崖上ものともしない。空撮写真をソフトウェアに放り込めば、ネコでも杓子でも三次元立体CGモデルに再現できる。これは21世紀の野外調査界最大のイノベーションだ。

揺れる船上から4Kカメラ搭載のドローンがふわりと飛び立ち、一目散に島を目指す。手元の画面には、崩落地を登る隊員や垂壁面に生える植物が映し出される。2日がかりで登攀する山頂も、ドローンなら10分もかからない。泳ぎ、傷つき、へばりつき、アドレナリンと星飛雄馬の歌を原動力に登った過去の自分に申し訳なくなる。文明、万歳。

南硫黄島内には字《あざ》も番地もない。これが、黒猫ちゃんもペリカンさんも現地に到達できない理由だ。しかし、意思疎通のためには地名があった方がよい。このため、調査隊では独自の地名をつけている。

テトリス並みに落石が生じる南部の崖下海岸は「死の廊下」だ。草木の生えぬ死の廊下を東に抜けると、崩落地を植生が覆う緑の世界が広がる。アカテツという樹木が目立つ「アカテツ・パラダイス」、通称「アカパラ」だ。島の西側の崖上には、4筋の深い谷が刻まれた「悪魔の爪痕」がある。北西部には広く植生豊かな谷間がある。調査のために飛び込みたくなるようなこの地は「天使の胸元」だ。いずれこれらの地名が、国土地理院の地図に掲載される日が来るだろう。

## ドローンの凱旋

撮影が進むと、まだ見ぬ島の側面が姿を現す。私たちが登った谷の隣には、木生シダの繁茂する豊かな谷が隠れていた。崖上のタコノキの下にはオナガミズナギドリのものと思しき巣穴が多数あいている。船上にいながらにして、島の秘密が解き明かされていく。

山頂の裏側直下には真新しい崩落が刻まれている。干し草ベッドに飛び込むハイジのごとく調査員がダイブしたススキの真下だ。いやはや、繊維の強いススキでよかった。

パソコンのディスプレイには徐々に3D南硫黄が浮かび上がる。島の環境が明らかになり、私たちが調査したルートの持つ意味が示されるのである。

南硫黄で使用したドローンでは、1回の充電で20分程度のフライトが可能だ。バッテリーの充電と交換を繰り返し、撮影が続けられる。穏やかな天候に助けられ撮影は順調に進み、時間の余裕ができる。いよいよ、その時が来た。私の出番だ。

今回の調査では、私自身もドローンを持参した。もちろん全ての撮影をプロに任せる手もある。しかし、目の前に研究対象がある以上、やはり自分の手で調査したいという欲求が沸々と湧いてくる。

この島には以前から一つの謎があった。それは、常に多数のアカアシカツオドリが崖上から私たちを見下ろしていることである。この島は、過去に沖縄県で偶発的な繁殖が報告されているだけで、国内での繁殖記録のない珍しい鳥だ。もしかしたら彼らはこの島で繁殖しているかもしれない。しかし、彼らの居場所は２００ｍを超える崖の上、こんなところを登れるのは恋に目の眩んだバーフバリだけだ。

10年前の調査の時は命惜しさに潔く引き下がったクリフハンガーだったが、今回は人類の英知を連れてきた。さぁ、思いのままに飛ぶが良い。

そうは言っても、揺れる船からドローンを飛ばすにはコツがいる。初心者の私には荷が重い。しかし、今回はドローン講習会で講師を務める2人の専属師匠がツーツーマンで教えてくれる。これほど恵まれた環境があろうか、いや、ない。

操作に適した服装、炎天下でのｉＰａｄ熱暴走への対処、船酔いするドローンのなだめ方、様々な技術を習得し、海岸沿いの撮影で慣らし運転をする。師匠達の教えのおかげで墜落することもなく、いよいよアカアシカツオドリに向けて出発である。晴天微風、日当たり良好、気分は風の谷の族長だ。

ドローンがとらえた映像がリアルタイムで手元のディスプレイに映し出される。樹上で休息する真っ白なアカアシカツオドリ。そしてその足元には、枝で編まれた直径50㎝ほどの巣があった。

グレート！　珍しく期待通りの結果が得られ、心の中と体の外で小さくガッツポーズをする。しかし、私のドローンではこれが限界だ。続きはプロのズーム付きの上位機種に任せよう。

師匠が撮影した画像には、親鳥が抱く卵、枝上にとまる雛、放棄された古巣などの姿があった。テクノロジーの発達は、過去の不可能をいとも簡単に覆す。こうして、国内初のアカアシカツオドリ集団繁殖地が発見されたのだ。

島の生態系変化をモニタリングするためには、定期的な調査が必要だ。しかし、調査には資金が必要だ。今回は東京都等の尽力により予算が獲得されたが、10年後にも無事に確保されるかどうかはわからない。

島を後にする船中で将来に想いを馳せる。確実に調査資金を得る方法はないだろうか。去りゆく南硫黄のそばの無名の島々が目に入り、天啓を得る。

「ネーミングライツだ！」

島の周りには無名の岩礁がまだまだある。これの命名権を売り、調査資金に充てるのはどうだろう。国土地理院と共謀すればなんとかなるんじゃないか？

良い知恵にホクホクしながら現実に戻ると、船内では撮れたて動画の上映会が行われている。

「崖の上に変わった植物があったのでドローンで撮ってみました」

「それは、モクビャクコウですね」

えっ、今その陰からなんか飛ばなかったか？

「……今のリプレイお願いします」

やっぱりだ。複数いる。まだ南硫黄では繁殖が確認されてないクロアジサシだ。植物の陰で巣は見えないが、この様子ならおそらく繁殖している。ドローン映像に偶然写りこんだのだ。まだまだこの島には私たちの知らない秘密があるのだ。巣の存在を確かめたい、確かめたい！なんでもう帰り道なんだ！

「えーと、船戻してください」

「無理です」

よかろう、私はまた帰ってくる。次回は54歳、若干体力が心配だが、10年あれば新たなイノベーションがあるだろう。工学系の方、人も運べるマッチョドローンか、巨大ロボに変形するトンデモ調査船をよろしくお願いします。

# 第二章

# 鳥類学者には、秘密がある

# 1 ファルコン・リビングデッド

## もう元には戻れない

私は、鳥を絶滅させたことがある。

絶滅とは、集団を構成する個体の全てがいなくなることだ。種の絶滅、亜種の絶滅、繁殖集団の絶滅など、絶滅には様々なスケールがある。いずれにせよ一旦絶滅が生じれば、1・21ジゴワットの電力がない限り回復できない。絶滅とは不可逆的な現象なのだ。私が手を下したのは、とある亜種の絶滅である。

2014年に発行された環境省版レッドデータブックをめくると、日本では14の種または亜種の鳥類が絶滅種として掲載されている。このうち13種は小笠原、沖縄、対馬に分布していた鳥だ。残る1種は、国内では江戸時代の写生図の中でしか見つかっていないカンムリツクシガモで、繁殖地がわかっていない。日本の鳥の絶滅は離島ばかりで生じているのだ。

日本の国土面積約38万㎢のうち、本土部である北海道、本州、九州、四国を除いた離島の面積は約5％しかない。鳥の絶滅はこの狭いエリアに集中しているというわけだ。未確認飛行物体の目撃情報がエリア51に集中しているのと同様、これは偶然とは思えない。

「島は面積が狭い上、生物は特殊な進化をしており、絶滅しやすい」

確かにその通りだ。しかし、本土部で1種も絶滅していないとは信じがたい。

世の中には、絶滅しやすい種と絶滅しづらい種がいる。本土部では石器時代からゴンとドテチンが石斧かついでいたため、絶滅しやすい種は早期に絶滅していたと考えるのが合理的だ。そう考えると、科学的な記録が残る近代まで生き残ってきた生物は、絶滅しづらい種のみだと考えてもよかろう。

日本の絶滅鳥類のうち10種は小笠原諸島と大東諸島の鳥である。前者は１８３０年から、後者は１９００年から開拓された島で、人間による攪乱の歴史が浅い。鳥たちは開拓とともに急速に絶滅に向かったが、絶滅のタイミングが本土部に比べて遅かったおかげで、きちんと記録に残ったのだ。いわばハイアイアイ群島と同じ状況である。

ちなみに日本の爬虫類と両生類の絶滅種は0種である。龍神様や周防の大蝦蟇《おおがま》の御加護もあったろうが、これもゼロとは信じ難い。鳥に比べて目立たないため、やはり人知れず絶滅した種がいたに違いない。

なお、正確には「1種または亜種」「2種または亜種」と数えるべきだろうが、いちいちそんな書き方をしていると無駄にキーボードがすり減り、マイクロプラスチックが環境中に放出され、巡り巡って地球滅亡につながりかねないので、亜種も含めて1種2種と数えていることをご容赦願いたい。

## 絶滅請負人

さて、本題に入ろう。

私が絶滅に追い込んだのはシマハヤブサだ。この島はハヤブサの亜種で、小笠原諸島南部にある火山列島の硫黄島と北硫黄島に分布していた。本州のハヤブサに比べ、小型で褐色みが強いのが特徴だ。

硫黄島は1889年から、北硫黄島は1899年から人が住み始めた島である。北硫黄島はその後に無人島となったが、硫黄島には現在も自衛隊などが駐留する。

過去のレッドリストを見ると、この鳥は1991年から2006年の間に危急種、絶滅危惧IB類、IA類と勢いよくランクを上げており、その勢いは最盛期のロッキー・バルボアを彷彿とさせる。そんな鳥を黙って放っておくわけにはいかない。火山列島での最後の記録は1937年8月だ。それ以来見つかっていないのは、分布地が特殊で調査が不十分だからだろう。

今世紀に入り、これらの島でもしばしば生物調査が実施されるようになり、私も両島を訪れた。ハヤブサは空を飛び回る目立ちたがり系ハンターであり、その姿を見落とすことは難しい。しかし頸椎を脱臼するほど空を見上げても姿は見えず、イエティの方がよほど目撃頻度が高いという体たらくだ。

火山列島からは絶滅したとしか考えられない。ならば絶滅種リストに名を連ねるのがスジだろう。にも拘わらずその名前は２０１４年のリストにも拒まれていた。そこには理由がある。

実はシマハヤブサは、火山列島以外で２例の記録がある。このため火山列島から消滅しようとも、他所で生き残っている可能性が否定できないのだ。これがため、おいそれと絶滅種に列聖できなかった。その２例は、伊豆諸島の八丈島と鳥島である。

とはいえ火山列島と八丈島は８００㎞以上、鳥島は５００㎞以上離れている。こんな遠い場所に、局地的に火山列島の亜種が分布するのは不自然だ。せいぜい何かの間違いで迷行しただけだろう。しかし記録がある以上、手ぶらで無視するわけにはいかない。

おそらく既に絶滅しているであろうに、文献上は存続し絶滅が心配されるシマハヤブサのゴースト。成仏できない怨嗟の声が、私の右脳にこだまする。亡霊のごとき彼らを成仏に導くとこそ、私の使命と天啓を得た。心の中の中禅寺秋彦が黒装束に身を包む。私が引導を渡そう。責任を持って、きちんと絶滅させてやろうではないか。

八丈島の記録は１９３２年２月のものだ。文献によると、根拠となる標本が山階《やましな》鳥類研究所に保管されている。この研究所は多数の鳥類標本の写真をインターネットで公開している。しめしめ、これなら手間をかけずに確認できそうだ。

データベースを探すと、確かに１９３２年２月に八丈島で採集された標本があった。しかし、標本ラベルに書かれていた亜種名はシマハヤブサではなく、本州のハヤブサだった。どうやらこの標本は何かの誤解でシマハヤブサと勘違いされていたようだ。その後、標本は改めて検分されたが、これをシマハヤブサに分類する理由は見つからなかった。八丈島にシマハヤブサはいない。これで憑き物が一つ落ちた。

もう一つの記録は、１９５６年３月に伊豆諸島の鳥島で確認された個体である。その発見の経緯は、文献に詳述されている。

鳥島はアホウドリの繁殖地だ。その日、アホウドリの捕食者となるノラネコを排除するためブービートラップが仕掛けられた。水を張ったドラム缶の水面を枯草で覆い隠し、マタタビ団子で誘引する作戦だ。ただし数日後に見つかったのは、ネコではなく溺れたハヤブサの死体だった。

この死体は傷んでいたため、翼と尾羽と脚のみが保存され、専門家に持ち込まれた。その結果シマハヤブサだと判定されたのだ。

しかし、シマハヤブサと判断した根拠もその後この標本がどうなったかも、特に書かれていない。標本リストを公開している博物館などのデータベースを見ても、該当する標本は見つからなかった。残念ながら、捜査の糸はここで途切れた。標本がなければ再検討もできない。成仏させられなくてすまない。

恨み言をつぶやくシマハヤブサの夢枕にも慣れ安眠できるようになった数年後、私はいつものように職場の標本室で仕事をさぼっていた。いや、標本の監視業務に勤しんでいた。

ここには1万点を超える標本が並ぶ。鳴かない囀まない逃げ出さない。淑《しと》やかな美徳に溢れる死体たちに囲まれていると、仕事の疲れが癒される。今日はこの引き出しを開けてみよう。

そこには、薄汚い標本が無造作に置かれていた。どうやら翼と尾羽と脚だけの不完全な標本だ。なんでこんな中途半端な標本を保管しているのだろう。

いや、待てよ？　この組み合わせ、どこかで聞いたことないかい？

その標本のラベルには、1956年3月の鳥島産と書いてあった。

灯台下暗しとは、他人を批判するときに使う言葉だと思っていた。まさか自分の職場の標本リストを確認し忘れていようとは、一生の不覚。慌てて先の文献を読み直すと、「林業試験場で三島冬嗣《みしまとうじ》氏にご測定願った」と書いてある。林業試験場は私が勤める森林総合研究所の前身であり、三島氏は研究室の大先輩である。ちゃんと読めよ、かわかみぃ！

少し回り道をしたが、ようやく鳥島標本と対峙する機会が得られた。おかげでこの個体が若鳥だとわかった。若鳥の形態は成鳥とは異なり亜種の特徴は十分に出ない。しかも体の一部だけだ。この乏しい条件で、当該個体をシマハヤブサだとは断言できないと断言できる。要するにシマハヤブサと考える積極的な理由はない。遠縁の先輩の判断を覆すのは気がひけるが、鳥島にシマハヤブサがいたという根拠はなくなり、もう一つの憑き物も落ちた。シマハヤブサ・おでこメガネ事件は収束し、絶滅を宣言する準備が整う。

2018年5月、環境省からレッドリストの見直しが発表され、新たな絶滅種としてシマハヤブサの名が燦然《さんぜん》と掲げられた。

## ゴーストバード・バスターズ

そもそもなぜ伊豆諸島の鳥島で見つかった個体が、シマハヤブサと判定されたのか。そこには心理的な要因がありそうだ。

鳥島はいずれの市町村にも属さず、東京都八丈支庁が直轄する伊豆諸島の島である。しかし、19世紀末には小笠原の一部とされていたのだ。また、鳥島と小笠原には共にアホウドリが分布するなど共通点もある。このため、鳥島には小笠原の鳥がいておかしくないという先入観があったのだろう。都心に現れた怪獣は確認せずともゴジラだと断言できるようなものだ。その傍証に、鳥島のウグイスも小笠原と同じ亜種とされていたことがある。

誤解や判断ミスは誰にでもある。今回は、根拠となる標本がきちんと残されていたからこそ、再検証ができた。標本がなければ亡霊を消し去ることは難しかっただろう。標本を残してくれた先人に感謝しつつレッドリストを眺めると、視界の端に昇天するシマハヤブサの姿が見えたような気がした。

肩の荷が降りて鎌首をもたげるのは、そもそもなぜ絶滅したかという疑問だ。

19世紀末に書かれた文献によると、シマハヤブサは海鳥を食べていた。しかし、人間と共に捕食者となるネコやネズミが持ち込まれ、海鳥は激減した。食物の欠乏が絶滅原因の一つだろう。とはいえ、増加したネズミは代替食物にもなったはずだ。他にも理由があるかもしれない。硫黄島は大規模に開拓され戦争の影響も大きかったので、絶滅もうなずける。しかし北硫黄島はそこまで開拓されておらず疑問が残る。

ふと標本リストを見ると、20世紀初頭に北硫黄島で採集されたシマハヤブサが30個体以上ある。おそらく実際に捕獲された数はもっと多かったはずだ。北硫黄島は半径約１㎞の小島なので、そこに住めるハヤブサの数など高が知れている。もしかしたら、標本のための捕獲のし過ぎが……。

いや、根拠のない憶測はやめよう。大切なのは、幻影だけ残った鳥が文献上も無事絶滅できたことだ。新種発見と同様、絶滅宣言もそれなりに一仕事なのだ。

絶滅は、その生物が歩んだ長い進化の歴史が途絶えることを意味する。一度生じると取り返しのつかない大きな損失だ。しかし、起こった以上、その事実を冷静に把握し、努めて反省し、せめて教訓とすることが礼儀だ。

日本の鳥のリストには、他にも様々な形で亡霊的存在が潜んでいる。誰かがこれを一つ一つ検証しなければならない。その話はまた別の機会に語られるだろう。

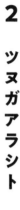

# 2　ツヌガアラシト

「あいつの……あいつのせいでうちの子はオニに食われたんです！」

節分の季節になると、そんな苦情が来るのではないかという不安がよぎる。

確かにどこかで言ったことがある。

「ツノが生えているということは植物食と考えられますから、怯える必要はありません。食べられることはないでしょう」

この発言を信用してオニに近づいた結果、まんまと食われてしまうという悲劇がおきてやしないかと、不安で不安でしょうがない。

しかし、私は過去に縛られない科学者だ。被害を最小限に抑えるために意見を翻《ひるがえ》しておきたい。オニは肉食である。したがって、親は子供がオニに食べられないよう、怯えるに越したことはない。

## 裾の長さに気をつけて

ツノがあると強そうに見える。その一方で、ツノがある哺乳類は植食者ばかりだ。シカにキリンにウシにサイ、アンテロープにユニコーン。たまに死肉食を交えることもあるが、基本的には草食系の動物たちである。これらの事実から、ツノがあるのは植食者であり、肉食者にはツノがないという一般性が説かれることになる。ここに落とし穴があった。

さて、野生生物を対象に研究を進めるとき、三つの段階を意識しなくてはならない。第一に、事実を把握すること。第二に、相関関係を見出すこと。第三に、因果関係を明らかにすることだ。

ツノのある哺乳動物がいることは確かな事実である。これで第一段階突破だ。ツノがあるのは植食者であるという相関関係も把握できているので、第二ステージもクリアである。次は第三段階として、なぜツノは植食哺乳類に発達し肉食哺乳類にはないのか、というメカニズムを説明する必要がある。

確かに相関関係を把握すれば、未知のことも予測できそうな気がする。しかし、メカニズムを知らずに予測することは極めて危険である。たとえば、哺乳類は卵を産まないという相関関係は、太古から定説として認識されていた。だが、カモノハシやハリモグラが発見され、世界には卵を産む哺乳類がいることが白日のもとにさらされた。つまり、哺乳類だから卵を産めない、という因果関係はなかったということだ。

偽の相関関係が存在する場合もある。例えば、座敷童子の裾の丈は年々短くなっている。一方で、昨今の温暖化指数の上昇も著しい。これらの数値を使ってグラフを描くと、温暖化指数が上がると裾が短くなるという綺麗な相関関係が導ける。このグラフを見ると、暑くなったから裾が短くなったのね、と勘違いしてしまう。

しかし実際の因果関係はそうではない。座敷童子の裾丈の長さは儒教的思想からの解放とファッショントレンドによるもので、気温とは関係がない。相関関係だけに頼ってはならない。因果関係の解明こそ、真の理解につながるのだ。

肉食哺乳類にツノがない理由を解明するには、まず植食者のツノの存在理由を考えるのが近道だろう。

## 武器よさらば

ツノの役割には、捕食者対策の一面がある。ツノが武器となることは、想像に難くない。肉食者に狙われる植食者にできることは、闘争か逃走かの二択だ。右の頬肉を食いちぎられたからといって、左の頬肉を差し出している場合ではない。

サイやバッファローは、捕食者の攻撃に対してツノで応戦する。彼らの逃げ足はそれほど速くなさそうだし、重い体重から繰り出されるパワフルな頭突きは捕食者にとって脅威だ。ツノは植食者にとって数少ない武器なのである。

闘争の相手は捕食者ばかりではない。ツノは種内での争いにも使われる。奈良に行くと立派なツノを持つ神の使いが大勢いるが、その突起物はオスにしかない。彼らは、オス同士の闘争のためにツノを用いる。

オスジカは、互いにツノを突きつけあい自らの強さを誇示する。シカの研究者によると、時にはツノが刺さって流血し、時には折れ、時には絡まってちょっと困った顔をするそうだ。

種内でツノを使って闘争する有角哺乳類は少なくない。ウシ科のアンテロープの仲間は様々な形のツノを持つことで有名だが、彼らもしばしば雄間闘争のためにツノを突きつけあう。

では、肉食者は同じ機能のツノを持てないのだろうか。ツノの素材はタンパク質の一種であるケラチンや骨質である。パルプや木材でできているなら植食者ばかりがツノを持つのも頷けるが、原材料を考えると肉やカルシウムを直接摂取する肉食者の方がツノを発達させやすいように思える。

にもかかわらず肉食者がツノを持たないのは、別の効果的な武器を持っているからだろう。肉食者は爪や牙で獲物たちを恐怖の世界に叩き落とす。このため、さらにコストをかけ成金的にツノを生やす必要はないのだ。ただし、あくまでも必要ないだけであり、予備の武器としてツノを持つことを否定するものではない。

## シルエット・ロマンス

武器に見えるものが必ずしも武器とは限らない。美女のネイルアートと同様に、一見武器にも見えるが外見的な装飾の意味を持つ場合もあろう。

ウシ科の大部分を含むアンテロープのグループには、様々なツノを持つ種類がいる。避雷針のごとくまっすぐそびえ落雷を待つトムソンガゼルのツノ。買い物袋をかけるのに便利なハーテビーストの湾曲したツノ。ワインはいかがとコルクを抜くのに適したブラックバックのねじれたツノ。

確かに彼らは雄間闘争や捕食者防御にツノを使う。しかし、武器としての機能だけならば多様で装飾的なツノは必要なく、強く剛健なツノがあればよかろう。そこには外見上の意味が予想される。

それぞれの種が独特のツノを持つことで、私たちはその形態から種類を識別できる。これは彼らにとっても同じだろう。そう考えると、ツノの形態はお互いに同種かどうかを認識する記号としての役割を持つかもしれない。

ツノの存在は、そのシルエットに独自の特徴を与える。逆光の激しいサバンナや光の少ない夜間でも、シルエットであれば認識しやすい。相手が同種かどうかを見分けられることは、生物が生き残る上で大切な要件である。

種としての特徴を欠く雑種個体が生まれれば配偶相手を得にくいだろう。そもそも他種との交配では子供が生まれないかもしれない。同種の仲間なら同じ食物を探して行動を共にする利益があるが、他種ではそうとも限らない。このため、自然界ではしばしば種認識のためのシンボルが進化するのだ。

このような機能は、肉食哺乳類でも進化しておかしくない。しかし、生態系の中で上位捕食者として君臨できる種数は多くない。肉食哺乳類にとっては同所的に存在し競争相手となる近縁種が少ないため、種認識のためのツノを発達させる必要性は高くない可能性がある。

とはいえ、大型ネコ科動物はそれぞれに異なる外見を持っている。トラガラ、ヒョウガラ、チータガラ、種間で特徴的なシンボルを進化させていることを考えると、種認識のためのツノは十分に存在し得る。

また、オスのみがツノを発達させている種では、メスに対するディスプレイの意味があってもよい。肉食者であっても、メスがオスを選ぶ婚姻形態を持っていれば、モテアイテムとしてのツノも夢物語ではない。

それでもなお肉食哺乳類にツノがないのは、単純に邪魔だからだろう。彼らが狩りに使うのは牙である。相手の急所にこの武器を素早く送り込むには、狭い空間でも俊敏にコントロールできる頭部が必要だ。ツノなどという突起は邪魔でしょうがない。

そう考えると、肉食哺乳類にはツノは不要どころか不利益な器官なのかもしれない。

## オニに金棒

ここまでは現生哺乳類に関する情報の整理である。確かに肉食哺乳類にはツノがない。ただし哺乳類に限らなければ、ツノを持つ肉食者は存在する。

ライノラットスネークの鼻先のツノは一角獣のごとしだ。サハラツノクサリヘビは両の目の上にオニと見紛うツノを持つ。ジャクソンカメレオンなど、爬虫類には他にもツノを持つ種がいる。これらの爬虫類は小動物を食べる捕食者である。

しかし、有角爬虫類と肉食哺乳類の間には大きな隔たりがある。それは、これらの爬虫類は基本的に食物を丸呑みにするため、食事の時に頭上のツノが邪魔にならないことだ。逆に、邪魔にならなければ捕食者もツノを発達させうると言える。

ここでようやくオニの登場である。オニと一般の肉食哺乳類には大きな行動上の違いがある。それはオニが二足歩行だということだ。

二足歩行の獲得により、オニは前肢で体を支える必要がなくなり、手による道具の使用が可能となった。これがオニのその後の進化を左右する最大のイノベーションであったことは言うまでもない。その結果、彼らは金棒使用という特異な習性を獲得したのだ。

オニは狩りをする時に牙を使用するわけではない。彼らの牙は、狩猟後に肉を切り裂くために使用するものだ。なにしろオニには、牙よりよほどリーチの長い金棒がある。このため、オニにとっては捕食時にツノが邪魔になることはない。つまり、有角爬虫類と同じ状況なのだ。

確かに現生の肉食哺乳類にはツノがない。しかし、これはあくまで四足歩行という条件下での事象だ。オニはこの条件に合致しないため、肉食でありながらツノを持っていても不自然ではないのだ。そもそもオニが肉食であったことを示す文献は数多くある。その記録を積極的に否定する材料はないと言える。

過去の私は相関関係の存在に満足してしまい、ツノが進化するメカニズムにまで思いが至っていなかった。これが私のミスの原因である。

オニは恐ろしい存在だ。ナメてかかったら痛い目にあうので、彼らにはくれぐれも気をつけてもらいたい。


最後にオニのツノの機能について考えよう。

植食哺乳類が武器としてツノを使うのには理由がある。それは彼らが四足歩行であるため、頭部が進行方向に対して最前となるからだ。そこに武器を備えるのは妥当な判断である。しかし、二足歩行時には頭部は必ずしも最前ではない。このためわざわざツノを武器として使うのは、急所である頭を差し出す愚行でしかなく、バッファローマン以外にお勧めすることはできない。そもそも金棒があるのだから、ツノを武器として使う必要もない。

また、既存文献にはメス個体にもツノの存在が認められていることから、メスへのアピールのためオス個体のみにツノが発達したというわけでもなさそうだ。

そうなると、オニのツノの機能は近縁種との識別のためだと考えるのが合理的である。オニは地獄や夜間など光量の少ない環境を好むことが知られている。このような環境では、ツノにより独特のシルエットを発達させることで、互いに同種と認識しやすくなると考えれば合点が行く。

もしこれが正しければ、ツノ以外の外見がオニと似ている近縁種がいるはずだ。ふむ、確かにそういう生物がいる。二足歩行で体毛が薄くパンツを身につける脊椎動物。それはヒトだ。

そう、鬼は人間が生み出した存在なのである。

# 3　日没する島の夜明け

海底火山噴火が新たな大地を生み、ニュースを賑わせた西之島。その光景は日本人のDNAに刻まれた天地開闢《かいびゃく》の記憶を蘇らせ、書店では古事記の売り上げが急上昇し、太安万侶《おおのやすまろ》の印税生活が潤った。そんな話題の西之島の東隣には、西島という無人島がある。隣島の命名として、一体どういう了見か。

そんな折に地図を精読していると、愛知県小牧市に西之島という地名を見つけた。そして、なんともはやそのすぐ東隣に西島町がある。郵便物の誤配率の心配はさておき、両者をセットにするのはそれほど珍しくないのかもしれない。

小笠原諸島の西島は西之島の最も近くにある島だが、幸いにも両者の間には130㎞の海が横たわっている。そのおかげか、西島に西之島宛の郵便物が舞い込むことはなく、平穏な佇まいを見せている。世間には無名なこの島だが、私にとっては特別な場所だ。なぜならば私が最も数多く上陸したことのある無人島だからだ。

## 三つの手がかり

有人島の父島から約2㎞、ボートを傭船《ようせん》して15分、なまじっかの社会人の職場より通勤条件が良い。

しかもこの島の林内はランチタイムのマクドの中よりもよほど歩きやすい。無人島には道がないので、森林内の踏査はそれなりの苦労があるのが一般的だ。しかし西島の林内は多様性が低くスカスカで、高木以外にほぼ何も生えていない。地上には落葉が絨毯のように敷き詰められ草もない。腐海の最深部の清浄層のような伽藍《がらんどう》堂構造で、クレヨン片手に手抜きで森を描けばそれはおそらく西島の風景だ。

そのおかげで島の内部を縦横無尽に調査できる。面積は約50ha、ゴジラなら1分で横切れるコンパクトサイズだ。全容が把握しやすく、調査にもってこいである。

いや、待てよ。そんなに都合の良い場所があるか？　疑いの目を向けると、やはり大きな落とし穴があった。よく見るとろくに鳥がいないではないか。これは鳥類学者にとって致命傷である。

森林構造が単純で多様性が低いこの島には、2種の鳥しか繁殖していなかった。比較的目立つメジロは外来種、もう1種のイソヒヨドリはヨーロッパからアジアまで広く分布する普通の鳥である。おかげで、上司には内緒だが調査のモチベーションがわかない。わざわざ小笠原諸島まで行くなら、珍しい種を研究したいのが人情というものである。

「仕事ってのは楽しいことばかりじゃないんだよ」

私も大人だからそんなことは知っているが、楽しいに越したことはなかろう。

貧弱な生物相は確かに味気ない。しかし、つまらないと愚痴を言っていても前に進めない。こういう時は「なんでも喜ぶゲーム」をするのが人生を楽しむコツである。少女パレアナがそう教えてくれた。

思えばシンプルな生態系には実験場としての魅力がある。単体では物足りない食パンも、バターをたっぷり塗り、サバフライをはさめば変化を楽しめる。西島の魅力もここにある。

スカスカの森林に目立つのは2種の動物と1種の植物だ。林内を歩き回るのは大切な手紙を食べた罪で島流しにあったヤギ。ヤギを見下ろして樹上を歩き回るのはクマネズミ。クマネズミの足場を形作る樹木は島中を覆うトクサバモクマオウだ。これら3種はいずれも外来生物である。

3は陰陽思想的にも縁起のよさそうな数だ。子豚もズッコケも、三人そろえば文殊の知恵だ。なんとなくいいことがありそうな気がしてきた。

外来生物ばかりのつまらぬ島も、往時は豊かな森林があり多くの鳥がいたはずだ。原因と考えられる外来生物が排除されれば、生態系の姿は大きく変化するに違いない。これを見届けることこそ、私の役割である。

## 海からの贈り物

２００３年までに、西島でヤギの排除が行われた。銃猟により約30頭が姿を消し、逃げ延びた1頭も２００８年には自然死を遂げ、島からヤギはいなくなった。

その昔、ヤギは貴重なタンパク源だった。急峻な岩場もライオン丸のように駆け上り、貧栄養な草を食べてじゃんじゃん繁殖するオートマチック再生産型食料として、大航海時代には世界各地に移入された。しかし、その優れた生存能力ゆえに各地の森林は草原化し、草原は裸地化し、土壌流亡が促された。小笠原では自然再生のためヤギ排除が積極的に進められている。

外来生物の命を奪う行為には議論がある。ここでは紙面の都合上この議論には踏み込まず、生態系保全のための排除が行われた事実を述べるにとどめたい。

想定されるシナリオはこうだ。ヤギが在来植物を食べる。外来植物はまずいから好き嫌いして食べ残し、繁茂する。多様性が低い森林では昆虫や果実が少なく、食物不足で鳥が生きていけない。最初のドミノを倒したヤギがいなくなれば、時計が巻き戻されるというわけだ。

ヤギが排除されて数年、森林の中には在来植物のひこばえが溢れ出し、あたかもラピュタの中枢部のような光景が広がる。やはりこれまでは稚樹《ちじゅ》がヤギに食べ尽くされていたのだろう。

食圧から解放され、ようやく森林の更新が始まったのだ！　ハレルーヤ！

そんな光景を想像していたのだが、いくら待っても変化がない。あれ？　ヤギが問題じゃなかったのか？　西島はヤギがいなくなったせいで侘《わ》び寂《さ》び感が増しただけで、表面的には変わらぬ佇まいを見せていた。

ただし島には少し変化があった。オナガミズナギドリが繁殖を始めたのである。海で魚を食べて島で繁殖する海鳥である。

白いヒゲを真っ赤に染めて鳥を貪る悪魔の使い。横長の瞳は冷たく鈍い光をたたえ、足元には鳥たちの骸がひしめく。隠された一面を見てしまった私にヤギが無表情に迫り……いやいや、そんなことはあるまい。彼らはベジタリアンなので、肉食は信条に反する。

オナガミズナギドリは草地にトンネルを掘って巣を作る。一方で草地はヤギの採食場所でもある。ヤギが歩き回れば攪乱され、巣穴が踏み抜かれることもあろう。植食者の消失で海鳥が増えるとは、思わぬ副産物であった。

## ピーナッツ・パーティ

穴あきチーズを食べ、朝から晩までネコをからかっている。しかし、ネコがいない島では暇を持て余して何をしでかすかわからない。そして西島にはネコがいない。

西島のネズミはクマネズミ、シップ・ラットの英名を持つ航海者だ。黒死病を運ぶ、農作物を食べる、ネコ型ロボットの耳をかじる。理由はともかく彼らは何かと人間に嫌われる。このためクマネズミを故意に島に持ち込むことはない。彼らは船で密航し、人間を利用して世界中の島に到達した。

本当はチーズよりも種子が大好きである。その食欲は植物の更新にインパクトを与える。特にタコノキという固有植物はネズミの好物で、果実の中からナッツ状の部分を取り出して食べる。おかげで西島のタコノキ果実は熟する前に姿を消し、稚樹を見かけることはとんとない。

私もナッツが大好きだ。特にピーナッツはマグカップでゴクゴクいける。あれは飲み物である。このためネズミの気持ちもわかるが、食べ尽くしはやりすぎである。

2007年、西島のネズミ根絶試験が行われた。殺鼠剤の入った餌箱が島中に設置され、1ヶ月ほどで島からネズミの姿が消えた。

ネズミは種子だけではなく、稚樹を食べることも珍しくない。特に西島のような小さな島では、好物の種子の量もタカが知れている。そんなネズミの食圧から解放され、メキメキと森林の更新が始まった！　ハレルーヤ！

そんな光景を想像していたのだが、なかなか芽生えは見られない。確かにタコノキの稚樹はポツポツと見られるようになった。しかし、それ以外の植物ではほとんど更新が進まず、島は森閑たる伽藍堂を維持し続けていた。

一方でネズミ根絶から数年経つと、鳥類相には一つ変化が見られた。ウグイスが出現したのである。1羽や2羽ではなく、島中の森林に法華経が響くようになった。

ウグイスは主に昆虫食だ。ネズミ根絶により森林の構造が多様化すれば、昆虫も増加して食物条件がよくなるだろう。しかし森林は相変わらずである。ウグイスが増えたのには別の理由があるはずだ。

クマネズミは植物を好む雑食性だが、時には鳥類をメニューに加えることもある。おそらく食物不足などがトリガーになり嗜好が変わるのだろう。木登りも得意な彼らは、樹上で巣を襲い卵や雛を食べてしまう。西島のウグイスは、この影響で繁殖が阻害されていたと考えられる。ネズミがいなくなり、他島から飛来したウグイスがこれ幸いと繁殖を始めたのだ。

## この世に明けぬ夜はなし

西島伽藍堂取り壊しプロジェクトはまだ大団円を迎えられない。こうなったら本殿を破壊するしかない。

2010年、森林の屋台骨たる外来樹トクサバモクマオウに除草剤が打ち込まれる。西島のほぼ全ての森林はこの外来樹の純林となっており、在来林はネズミの額ぐらいしか残っていない。今回の策は効果的だった。モクマオウはみるみる枯死し、それと入れ違いに在来植物が地上からニョキニョキ生えてきた。

どうやらモクマオウは地中の水分を過剰に消費し乾燥化を招くようだ。そして大量の葉を落とし、時には10㎝にもなる落葉のカーペットを形成して地上を覆い尽くす。植物の更新を妨げていたのは、この邪魔な絨毯と乾燥化だったようだ。

回復した在来樹木が実らせた果実に魅せられたか、ヒヨドリやカラスバトが姿を現わす。数が少なかったトカゲや陸生のカニもどこからともなく湧き出づる。繁殖する海鳥の数も増え、猛禽類のノスリがこれを捕食する姿も見られるようになった。島の登場人物が増えにぎわっただけでなく、生態系の中の自然な種間関係が回復しているのだ。

ダース・モールを倒してもグリーヴァス将軍がライトセーバーを振り回す。グリーヴァス将軍を調伏してもダース・シディアスが手からビリビリを出してくる。天竺までの行程は千里の道であり、障害物が階層構造を成すのは世の常だ。頑張っても効果なしかと途中で諦めていたら、生態系の回復は見られなかった。

今回の黒幕は外来樹木だったかのように見える。ではヤギとネズミはただの量産型戦闘員で、最初からモクマオウだけ叩けばよかったのかといえばそうではない。

ヤギがいれば植物は食べられ、ネズミがいれば種子も鳥も捕食される。モクマオウ駆除だけでは自然再生は成し得なかった。全ステージをクリアしたからこそ、ゴールが現れたのだ。複数の外来種が侵入した生態系では、それらが意図せず協働して事態を複雑化することが珍しくないのである。

とはいえ真のエンディングはまだ先だ。根絶したつもりのネズミはどうやら少数が生き残っており、再発見と排除が繰り返されている。島内でのモクマオウの分布は広く、種子からの再生もあるため、根絶は容易ではない。この樹に代わり別の外来植物が生え始めた場所もある。ここで手を休めるわけにはいかない。

小笠原に行くチャンスがあったら、ぜひ船上から見てほしい。父島に到着する直前、船の左手に枯れ木の目立つ島がある。その枯れ木の合間にのぞく緑こそ外来生物排除の成果であり、この島の新たなる希望なのである。

## 4　べっぴんさん、こんにちは

### カエル男の上陸

原生自然が残された奇跡の地、南硫黄島。そこから130㎞ほど北上したところに北硫黄島がある。間違って南下しても4万㎞弱進めばやはり北硫黄島に到着できる。こちらのコースは地球の丸さも実感できるので、時間さえあればそれはそれでおすすめだ。

北硫黄島の標高は792m、周囲を崖に囲まれた半径約1㎞の地形的条件は南硫黄島に似ている。南硫黄島の無垢の生態系を調査した翌年、私は北硫黄島に上陸した。

群れをなす半魚人が海からぬぅっと姿を現す。彼らは数百kgに及ぶ荷物を黙々と海岸に揚げ、ウェットスーツを脱ぎ人間の姿に変化する。かつて母なる海の中で生まれた脊椎動物は陸に上がり、人類への進化の道のりを歩んだ。半魚人は英語でアンフィビアンマンとも称され、言うなれば両生類男だ。魚類から両生類を経て陸棲脊椎動物が進化した歴史を彷彿とさせる意味深な場面である。

荷揚げをサボって雄大なる進化の歴史に思いを馳せていると、栄養補給の時間が訪れる。亜熱帯の日差しの下、レーションを開封する。カロリーメイトにウイダーインゼリー、羊羹、ギョニソー、柿の種。コンパクトで高カロリーな携帯食の詰め合わせだ。

食後の一杯のコーヒーはフィールドでの小さな贅沢である。共用食料袋に詰め込まれたブレンディのスティックコーヒーを吟味すると、普通タイプとカロリーハーフタイプが混じっている。体力勝負の調査にカロリー半減とはなにごとか、調達担当者にクレームをつけなくてはならない。とはいえ、私も科学者の端くれなので、無闇な抗議の前にまずは冷静な状況把握が必要だ。

外寸は同じだが、重さを測ってみると違いは歴然だ。普通のが15・7g、カロリーハーフは8・5g。ふむふむ、重さが半分ならカロリー半分という仕掛けか。これなら重量あたりのカロリーは同じ、運搬コストは変わらないな。1杯で十分なら前者、2杯楽しみたければ後者、同じ労力で二つの選択肢を用意するとは粋な計らいだ。筋違いのクレームで恥をかかずに済んだ。

おっと、深読みごっこをしている間にみんな出発してしまった。急いで荷物をまとめて最後尾を歩きはじめる。

## ネズミ軍団の侵攻

海岸沿いの低木林を抜けると、忽然と巨大ガジュマルが現れる。ガジュマルは石造りの住居跡を飲み込み、今まさに人間の営為を自然に還元せんとしている。その姿はさながら天空の城のごとし。ラピュタは本当にあったんだ！

崩れかけた石垣、学校の門、居住区をめぐる水路。住居の入口にはサザエの殻蓋を埋め込んで幾何学的な模様が描かれている。孤島に確かに息づいていた村人たちのつましい生活が、巨樹に取り込まれて自然の一部になる。集落跡の向こうにある墓地に静かに手を合わせる。

北硫黄島と南硫黄島には、大きな違いが一つある。前者にのみ淡水の沢があるのだ。そのおかげで北硫黄島には１８９９年から１９４５年まで人間が居住した歴史がある。この約50年がその後の自然環境に影を落とした。

人間の移住には外来生物が随伴する。この島に見られるバナナやミカンの木は意図的に持ち込まれたものだ。一方でネズミは積荷とともに非意図的に島に侵入する。古来より食物を害する存在として歓迎されない存在だが、世に憚りながら絶海の北硫黄島にまで到達した。

戦前にはこの島に8種の海鳥と7種の陸鳥が繁殖していた。しかし、現在まで生き残っているのは海鳥2種と陸鳥4種のみだ。

北硫黄島に上陸したネズミは、世界各地の島に侵入実績を持つクマネズミだ。植物の種子や稚樹を好んで食べるため、彼らの存在は植物の更新を阻害して植生を貧弱にしてしまう。

それだけではない。食物不足などがあると突如として肉食に転じ、動物を絶滅へと誘うことがある。クマネズミは世界各地で鳥類を絶滅させてきたメトロン星人的存在なのだ。

まず犠牲になるのは海鳥だ。海鳥の多くは地上や地中に営巣するため、ネズミ類のターゲットになりやすく、300g以下の種は特に犠牲になりやすい。しかもクマネズミは木登りも得意なので、樹上の小鳥の巣もその影響を免れない。

北硫黄島では山域で地中営巣するミズナギドリ類とウミツバメ類が全て姿を消した。現在まで生き残る海鳥は、海岸で繁殖する大型種のみだ。巣穴でクマネズミに襲われるのは、宇宙船内のシガニー・ウィーバーより絶望的である。この島での海鳥消滅の最大の原因がネズミの捕食にあることは想像に難くない。少なくとも数十万羽が捕食されたと推測される。

山頂に向けて森林を進むと、なんだか大きな違和感を覚える。前年に南硫黄島の原生自然を見てきたからこその違和感だ。

おかしいな。自然が豊かだぞ？　植物がワシワシ生えているじゃないか。ネズミが食べ尽くしているんじゃなかったのか？

林内には下草や低木が生い茂り、なんだか南硫黄島より自然度が高く見えるのである。

1年前に見た南硫黄島の森林を思い出す。地面には無数に穿たれた海鳥の巣穴がもぐらたたきゲームのごとき様相を呈し、ぺんぺん草も生えないむき出しの地面が広がっていた。この多様性の低い風景こそが原生自然の姿だ。

私が目にした北硫黄島では、低木や草本がふくふくと生い茂り新緑で林内を彩っている。この豊かさが違和感の正体である。

海鳥は海で魚やプランクトンを食べ、陸上の営巣地で排泄する。排泄物にはリン酸や窒素など、植物の肥料となる成分が高濃度に含まれている。このため海鳥繁殖地は、化学肥料過積載トレーラーが悪漢に襲われて横転したかのような富栄養土壌となる。植物にとっての海鳥繁殖地は、ヘンゼル&グレーテルにとってのお菓子の家なのだ。

しかし、お菓子の家には悪い魔法使いが、うまい話には落とし穴がなくては寓話が成り立たない。ミズナギドリ類やウミツバメ類には、夜な夜な徘徊と巣穴掘削癖がある。十分な栄養が持ち込まれているにもかかわらず、常態化した踏み荒らしと穴掘りにより草本層は生えるに生えられず、グリムもイソップも溜飲を下げるのである。

ネズミが侵入すると海鳥がいなくなる。土壌には過去の遺産として肥料が蓄積されている。地上を攪乱する邪魔者は消えた。太平洋のただ中の島には雲霧が発生しやすく、水分条件は申し分ない。鬼退治により得られた宝物の効果は、ネズミの種子食害による更新阻害の負の影響より大きいのだろう。植物の更新が促進されて一見豊かな、しかしオリジナルとは異なる環境が生み出されたのだ。植生が変われば昆虫や土壌動物の構成も変わる。その影響は生態系の隅々まで広がっていく。

人為に起因する攪乱には、自然を貧弱な姿に変えるイメージがある。しかし逆方向に向かう攪乱も存在するのだ。

## 海鳥たちの沈黙

急斜面の登攀《とうはん》を終えると、「三万坪」と呼ばれる山頂近くの平坦部に到着する。地図上で計測してみたところ、約4万坪あることから、かつての住民は若干謙遜気味の典型的日本人だったことが窺われる。

ここまで登るためには、標高500〜600mに位置する急勾配地を越えなくてはならない。核心部と呼ばれるこの地点では、傾斜を緩和するため斜面をトラバース気味に斜めに登る。それでも傾斜がきついため、登山家に設置してもらったザイル伝いに登っていく。

ザイル部分は危険なので一人ずつ登る。先行する隊員の影がロープを固定した岩の向こうに消えたら私の番だ。

と思っていたら突如として彼は視界から消えた。残念なことに、岩の向こうではなく谷の下に向かって消えた。どうやら足を滑らせてプチ滑落の旅に出かけたようだ。

斜面途中にひっかかった彼は、落ちた落ちたと少し嬉しそうに手を振っている。ちょっとアドレナリンが出てテンションが上がったのだろう。足元のタマシダは夜露に濡れ滑りやすい。

彼のおかげで危険箇所が把握できたことは僥倖《ぎょうこう》と言える。

水筒にアミノバイタルを足し、ウイダーインゼリーを食べる。ドーピングしたから大丈夫、俺はやれると唱えながら急斜面に挑む。

倒《こ》けつ転《まろ》びつ到達した三万坪では、咲き誇るアジサイ群落が出迎えてくれた。それにしてもお腹が空く。もう1本ウイダーを摂取しようとして気付く。ん？　パッケージがいつもと違うぞ？　なんと私が担いできたのは、カロリー重視のウイダー・エネルギーインではなく、20％しか熱量のないウイダー・ファイバーインではないか！　これじゃぁ担いできた消費カロリーを補塡できないよぉ。

「エネルギーインはスーパーの在庫を買い占めちゃっても足りなくて、とりあえず……」

調達担当の言に打ちひしがれる私の心に共感し、いつしか雨が降り始めた。

天よ、一緒に嘆いてくれるのか。でも大きなお世話だよ。今から調査だよ。

テンションが下がるが、調査しないわけにはいかない。もしかしたらどこかに海鳥が生残してはいないかと雨中を探し回るが、結局海鳥は見つからなかった。やはり山域の海鳥は絶滅しているのだ。

さて、例えば凶悪宇宙人が私を洗脳し、北硫黄島の海鳥を殲滅《せんめつ》せよと命令したとしよう。地形が急峻でアプローチできない場所の多い島で、全域に分布する数十万羽の海鳥を採り尽くすのは不可能だ。火をつければいいのか？　雲霧をまとい湿潤な島の全域を劫火の焔に包むのは現実的ではない。コツコツと木を伐り森林を奪っても石の隙間や草原に営巣する。しかも寿命が数十年あり、前年に繁殖に参加していなかった個体が毎年帰ってくる。一時的に全滅させてもまた出現するだろう。

しかしネズミは海鳥の全島根絶をやってのけたのだ。彼らは島の生物にとって最凶の侵略者なのである。海鳥のいない静かな森を歩きながら、改めてそう実感した。

## 寂しがり屋のべっぴんさん

雨は激しくなり強風を伴う。母船から、フィリピン沖に台風発生との無線が入る。こうなったら即時撤収だ。隣の隊員が水筒に水を補給し終わったら、いざ出発である。悪路を慎重に下ろう。

「あれ？　水が出ないぞ？」

さっき給水したばかりの隊員が首をかしげる。水筒が空になっている。ザックの中にこぼれてもいない。お水はどこに消えた？　みな平静を装うが、心中がざわめく。原因がわからぬ現象は人を不安にさせるのだ。

こういう時の対処法は一つ、名前をつけることだ。名前のある現象はもはや捉えがたい未知の怪奇ではなく、擬似因果関係を生成して自分を騙し不安を振り払える。

命名『べっぴんさん』。

「べっぴんさんが飲んじゃったんだよ。しょうがないよね」

一件落着である。

調査器具の回収のため、他の隊員から遅れて単独で道を下る。集落跡地に差し掛かると、大きな褐色の物体が木立の中を猛スピードで通り過ぎた、ように見えた。この島にそんな生物いたか？　いや、疲れで見間違えたのか？

「べっぴんさん、かな」

一件落着である。

「ゴムボートが転覆した！」

「暗闇の中、誰かの足音がします」

「誰もいないところから話し声が……」

「べっぴんさん、だよね」

実はこの島では、過去にもトラブルや不思議現象がよく起こっている。おそらくべっぴんさんは寂しがり屋で、たまの来訪者についちょっかいを出すのだろう。とはいえ私も科学者の端くれなので、超常現象を信じているかどうかは内緒だ。

この島には過去に人が住んでいた。わずか50年に満たない入植の痕跡は、今も様々な形で島に刻印されているのだ。

# 第三章

# 鳥類学者は、妄想する

# 1　僕の名前はバンナーマン

生物の名前にも歴史がある。過去を紐解くと、色や形、伝説、発見者、多様な由来が見え隠れする。一見すると違和感のある名前も、背後にある系譜をたどれば、深遠な由縁に得心いくはずだ。

たとえば大戸島には呉爾羅という大型動物の伝承が残る。１９５４年に発見された新種の爬虫類にその名が冠されたことは、記憶に新しい。由来を知らないと、ゴリラかクジラからの連想かと誤解してしまうが、民俗に根ざした味わい深い名前なのである。

とはいえだ。

**もちろん間違ってはいませんよ**

海鳥は、背が黒く腹が白い配色が標準である。生活の場である海上は紫外線が強い場所だ。背面に鎧のごとくメラニン色素を配置し、体を防御しているのだ。逆光が強い海上では色彩は認識しづらく、白黒コントラストが個体間のシグナルとして重要となる。腹の白さも納得がいく。

私はミズナギドリ科の海鳥を研究している。腹側も黒いまっくろくろすけ型の種もいるが、多くの種が上面が黒で下面が白という標準配色を踏襲する。生物の外見に環境が影響している証左だ。

最近は、小笠原諸島に生息するセグロミズナギドリを研究している。現在は二つの島でしか繁殖が確認されていない超絶希少絶滅危惧鳥類である。

ん？　セグロ？

ミズナギドリ科の鳥は、濃淡こそあれみな背中が黒い。圧倒的無個性的命名。これでは新種のカッパをキュウリスキーと名付けるようなものだ。

いや、科学者に思い込みは禁物である。命名の裏に聞くも涙の物語がないとも限らない。そもそも外見由来ではなく、発見者の名前がミス・セグロティーヌだったのかもしれない。まずは事実を確認しよう。無粋な議論は、その後だ。

鳥類の和名は、日本鳥学会によって権威づけされる。学会により１９２２年から発行されている日本鳥類目録シリーズには、各種の学名、英名、和名が掲載されており、改訂第７版まで版を重ねている。生物の分類は、考え方や分析手法の変化により、時代によって変更されるものだ。まずはこれを辿ろう。

1974年発行の第5版から現行の第7版には「セグロミズナギドリ」の名前があるが、1958年の第4版にはない。第二次世界大戦後から1968年まで小笠原諸島がアメリカ軍に統治されていたため、日本産鳥類に入れてもらえなかったのだ。

しかし、1942年発行の第3版には、同じ鳥が「オガサワラミズナギドリ」として掲載されている。つまり、この鳥は1974年にセグロに改名されていたのだ。

そしてその背景には、複雑な歴史があった。

## 鳥の名は

鳥類の分類には種と亜種がある。亜種というのは、別種にするほどではないものの区別がつく程度の違いのある地域的な集団だと思ってもらえればよい。

分類は時代につれて変化する。まだDNA分析が発達していなかったころ、分類は形態に基づいて行われていた。このため、注目する部位により分類が変わることも珍しくなかった。

今から約100年前の1915年、シャーロック・ホームズが養蜂をしながら隠居生活を送るイギリスで、遠く極東の海鳥が新種として発表された。オガサワラミズナギドリである。

当初は独立した種として発表されたこの鳥だが、1922年にはリトル・シアウォーターという海鳥の亜種に分類された。続いて、1932年にはオーデュボンズ・シアウォーターの亜種に変更される。いずれも太平洋から大西洋まで広く分布する鳥だ。

生物学の世界には、分類学のゴミ箱、と呼ばれる便利な箱がある。うまく整理がつかない時に、未来に希望を託してまとめて放り込んでおく箱だ。小型のミズナギドリはみんな似ていて分類が難しいため、オガサワラミズナギドリはオーデュボンズと名前のついた箱に入れられたのだ。水中生活者を全部カッパと呼ぶのと同じである。

学名の変更と和名の変更は必ずしも一致しない。学名は形而上の名前だが、和名はあくまでも私たちが認識している実存の名前だからだ。このため、学名が変わっても和名が変わるとは限らない。この鳥の分類は変わっても、和名は一貫してオガサワラミズナギドリと呼ばれ続けた。1973年までは。

## 運命の1973

1974年の目録第5版で、鳥学会は初めて日本の全鳥類に種の和名を与えた。その前に和名がなかったわけではない。以前は亜種を基準として記述されていたため、亜種がある種については「亜種和名」のみを定め、「種和名」を決めていなかったのだ。

つまりオガサワラミズナギドリという名前は、1922年以来亜種の和名として使われており、その亜種を含むオーデュボンズ・シアウォーターという種に対しては和名がなかったのだ。

オーデュボンズはあくまでも英名なのである。

この亜種名基準主義に対して、種名がないと不便だよね、と考えて種名を規定したのが1974年なのである。

さぁ、ここから話がややこしくなるので、心して読んでほしい。脳捻転を起こしそうになったら、結論の最後の一文だけ読んでもらっても構わない。

さて、種の和名を決める時、鳥学会はいくつかのルールを用意した。その一つに「原則として、最も一般的な亜種の和名を種の和名とする」というのがある。

日本にはオーデュボンズ・シアウォーターの亜種はオガサワラミズナギドリしかいない。このため、日本で最も一般的な亜種の和名はオガサワラミズナギドリだ。原則に従えばこれが種の和名となる。

しかし、実際にはこの名前は姿を消した。ここからは推測である。

「オガサワラミズナギドリ？　亜種名としてはいいよ。でもさ、大西洋にも広くいる鳥にこの名前はおかしいよね。これからはグローバルな時代だよ。名前変えちゃおっか。背中黒いから、セグロでいんじゃね。てか、ミズナギドリってみんな背中黒いっしょ。まじうける。とりま、セグロで。亜種和名も同じでいいっしょ。決まり決まり、次の種いこ、次の種」

こうして、オガサワラミズナギドリの名は1973年を最後に歴史から消えた。偶然にもこの年、後に鳥類学者となる若干病弱な子供が誕生した。まるでオガサワラミズナギドリの生まれ変わりのように。

## 歴史の翻弄

四十数年後、大人になった鳥類学者は事務書類に嫌気がさし、戦前の古い図鑑をパラパラめくっていた。

サボりとの非難は見当違いも甚だしい。いかなる情報収集もいずれ血となり肉となり、無駄な知識など一切ない。たとえ一生使う機会がなくとも、その蓄積こそが次なる研究を支える礎となるのだ。

そんな言い訳をスラスラ口に出せるよう準備しながら周到にサボっていたところ、あるページが網膜に焼きつく。

なんと、セグロミズナギドリという和名の鳥が載っている。これもオーデュボンズの亜種となっているが分布はマリアナ諸島、オガサワラとは別集団だ。

慌てて戦前の目録をめくると、人目を避けるかのように後ろの方にちんまりとその名が載っていた。

日本は第一次世界大戦時にマリアナを占領し、委任統治領としていた。この時代には、マリアナの鳥も日本産鳥類なのである。目録では純日本産と委任統治領産を分けて掲載していたので、気付かずにいたのだ。

先ほどの失礼な推測は想像上の邪推であったことをお詫びしたい。

そうなると、種の和名を決めるにあたり、亜種和名としてオガサワラとセグロの二つの選択肢があったということになる。分布の広いこの種の和名を選ぶなら、セグロの方が適していると判断されたのだろう。いずれにせよ既存の名前を候補としたのだ。ただし、１９７４年当時にはマリアナは日本領ではないため、マリアナの亜種に和名は不要だ。国内の亜種の和名を種の和名と一致させるため、小笠原の亜種にセグロの名が逆輸入された。という顛末が推察される。

## 逆転の２０１８

歴史と分類のいたずらでオガサワラの名は失われたが、その時々の判断には納得もできる。とはいえ、小笠原の鳥を研究する私にとって、その名の消滅は残念な限りだ。オガサワラミズナギドリの名は、亜種であっても小笠原に固有の鳥にふさわしい。ヤマトタケルやくいだおれ太郎にも匹敵する王道中の王道の名である。

しかも消滅が私の誕生と引き換えだったことに重い責任を感じる。せめてもの罪滅ぼしに研究することが私の責任だ。ＤＮＡを分析しその系統を明らかにしよう。でも私は分析が苦手なので、仲の良い友人にやってもらおう。江田《えだ》真毅《まさき》さん、ありがとう。

２０１８年、結果が論文として発表された。そこで私たちは、小笠原の集団が他地域のセグロミズナギドリとは別系統の独立種であることを明らかにした。つまり、オガサワラミズナギドリはセグロミズナギドリではなかったのだ。しかも、セグロの名の由来となったマリアナ集団も、別研究でオーデュボンズとは別種に分類されるに至っている。

要するに、河太郎も猿猴《えんこう》もひょうすべも河童に似ているからみんなカッパと呼んで、ついでに海坊主もカッパに改名したものの、実は河童はカワウソだとわかってカッパから離脱し、結局のところ海坊主だけがカッパと呼ばれ続けているような状況だ。もう、自分でも何を言ってるのかよくわからないや。

なにしろこうなった以上、セグロは赤の他人の名前である。アイアンマンとメタルマンぐらい赤の他人である。ならば、種の特徴を全く反映していないこの名前を返上することこそ、次の一手となろう。

ただし、これはこれで懸念がある。和名というのはみだりに変えるべきものではない。なにしろ、現行の全ての図鑑ではこの鳥をセグロミズナギドリと呼んでいる。

学会が名前を変えても、すぐに図鑑が改訂されるわけもなく、こっそり家宅侵入して個人所有の図鑑に正誤シールを貼る怪盗義賊も最近はとんとお見かけしない。

和名は、特定の種を共通に認識するためのツールだ。同種に複数の名前があれば無用な混乱を招く。マクドに行くかマックに行くかで喧嘩になり離婚に至る夫婦も少なくない。ズアカアオバトの頭が赤くないからと言って安易にアオガシラズアカアオバトに変更すべきかと言えばそうではない。時代に依らず和名を安定させることも学会の責務なのだ。前回は、小笠原の歴史的空白期間の直後だったため、リセットからの改名となり混乱が生じなかったのだ。

それでもなお、私はセグロからの和名の修正を願ってやまない。

オガサワラミズナギドリは独立した固有種として発表された。その後に広域分布種の亜種に分類され、これに合わせて和名も変更された。しかし、やはり当初の認識が正しく独立種だったわけだ。

分類変更により改名された以上、分類を戻すのに合わせて和名も戻すのが合理的だ。これはみだりな変更ではなく、回復と言える。地域名を冠すれば社会からの関心も得やすく、保全の後押しにもなる。

大切なのは、回復後に速やかに世間に浸透させ混乱を抑えることだ。

チャンスは鳥類目録の第8版発行予定の2022年に到来する。政治の中枢まで密かに潜入していたデーモン族のように、来たるXデイに向けオガサワラの名を社会に浸透させるべく暗躍せねばなるまい。そう、この原稿は一斉蜂起のための前哨戦なのである。

あ、そういえばバンナーマンのこと書くの忘れてた。ま、いっか。

## 2 梅雨空のオセアノサウルス

「あなたが落としたのは金のスピノサウルスですか？　それとも銀のハルシュカラプトルですか？」

「どちらでもありません。普通の恐竜です」

「正直者ですね。両方あげましょう」

「もらっても困るので、いりません」

中生代の沼沢地《しょうたくち》ではそんな会話が日常的に繰り返されていた。なぜならば、恐竜は泳げなかったからだ。

約4億年前、魚類が新天地に向けて一歩を踏み出した。この一歩は小さいが、脊椎動物にとっては大きな一歩だ。彼らは水の呪縛を振りほどき、半水半陸生活の両生類への扉を叩く。陸上に進出した脊椎動物は、やがて爬虫類や哺乳類を生む。爬虫類からはヘビ、カメ、恐竜など多様なグループが進化し、さらに恐竜から鳥類が進化した。陸上動物の歴史を1分にまとめると、こんなところだ。

長い進化の歴史は多様な動物を生み、それぞれの生活に合わせて独特の形態が進化した。リスの前肢はクルミを持ちやすく、カラスの前肢は空を飛びやすく、ヘビの前肢は賢い人にしか見えず、多様化ゆえに互換性はゼロだ。

その一方で、種群の違いにもかかわらず、ザトウクジラとペンギンとウミガメなら前肢を入れ替えても違和感がない。サイズに若干の違いがあるものの互いに驚くほど似ているからだ。彼らが似た形態を持ったのは、水中生活という同じ道を選んだことに由来する。

最初の移住者にとって、陸地は競争者が少なく希望と資源に満ちた世界だった。しかし、いつの間にやら脊椎動物が犇《ひし》めき合い、競争が始まる。USJの混雑に嫌気がさせば、ひらかたパークに回帰する。陸の競争に疲れた一部の動物は、再び水中を目指した。

哺乳類、鳥類、爬虫類、いずれのグループにも水中生活者がいる。特に爬虫類からは、ウミガメやウミヘビのみならず、過去に首長竜や魚竜、モササウルスなど多くの水棲者が輩出した。陸上脊椎動物から水中生活者が出現するのは、普通のことなのである。

さて、恐竜は2億3000万年前に出現し6600万年前に絶滅した。その長い歴史を考えると、水中適応する種が現れて当然である。にもかかわらず、恐竜からは水中に高度に適応した種が見つかっていない。

私はこれを恐竜界最大の謎と位置付けている。これが今日の課題だ。

## ポセイドン・アドベンチャー

鳥類は1億5000万年前に獣脚類恐竜から進化した。ティラノサウルスなどを含むグループである。そして、約8000万年前にはヘスペロルニスという抜群に泳げる無飛翔性の鳥が出現した。つまり恐竜は泳げなかったが、そこから進化した鳥はいち早く海に飛び込んだということだ。

いや、確かに水中に進出した恐竜もいた。

スピノサウルスは足や尾の形態などから泳いで魚などを食べていたとされる。しかし、ペンギンのように高度に水棲に特化していたわけではない。その証拠に彼らが泳げたかどうかは長い期間議論になってきた。

ハルシュカラプトルは2017年に発表された恐竜だ。泳ぐのに適した平たい腕を持ち、スピノサウルスよりはるかに水中に適応していた。この種はカモに似た半水半陸生活者と考えられており、例外的な存在として注目されている。

恐竜には様々なグループがあり、多種多様な姿を持つ。首も尾も寿命も長い竜脚類や、末はクッパかアンギラスと期待される鎧竜などの四足歩行もいれば、ティラノサウルスのような二足歩行もいる。

色々いれば、水中に進出するグループがいそうなものだ。たとえば、クジラはカバの仲間に近縁とされる。トリケラトプスなんて1㎞離れて観察すればカバっぽく見えなくもないし、ぷかぷか泳ぎ始めても違和感ない。だが、結局恐竜は少数の例外を除いてろくに泳げぬまま中生代を卒業して絶滅していったのだ。

恐竜が陸上で栄華を極めた中生代、海には首長竜や魚竜やモササウルスがいた。ポセイドンも平伏《ひれふ》す海棲巨大肉食爬虫類である。捕食者がうようよしていては、恐竜が水中に進出しなかったのも当然至極と考える人もいるだろう。

だが、そんな甘言に騙される私ではない。なにしろ鳥類であるヘスペロルニスは、巨大捕食者が猛威を振るう海洋に進出して一時代を築いた。また、猛威の本体であるモササウルス自体も、陸から海に進出したのは捕食者あふれる8000万年前頃と目される。つまり、捕食者の存在だけでは恐竜カナヅチ伝説の原因は説明できない。

謎があればそれに挑むのが研究者である。

## 豊玉姫の誘惑

　よし、まずは少し遠回りをして他の動物が泳いだ理由を考えよう。

　竜宮城には恋のアヴァンチュールとタイやヒラメの活け造りが待っている、と浦島家の跡取りが遠い目をして語っていた。前者は失敗に終わったので現実的な魅力は花より団子である。海中の食物資源は豊富だ。陸上での競争に疲れて海洋資源に手を出すのは実に合理的だ。これこそ海洋回帰の動機だろう。

　ペンギンは魚を、ウミガメはクラゲを、マッコウクジラはクラーケンを食べる。陸上から海に回帰した動物たちはもっぱら肉食系だ。ジュゴンやウミイグアナなど草食系はあくまでも特殊な少数派なので、今は潔く無視しておこう。

　とにかく「海に入るのは肉食者」が基本だ。植物の資源量は陸上でも豊富なので、植食者はわざわざ海に入る動機が足りないのだ。

　恐竜には多様な形態の種がいるので、誰かが水中適応できそうに思える。しかし、トリケラトプスにイグアノドンにステゴサウルス、ほとんどの恐竜は植物食者である。肉食に限定すると対象はぐっと狭まり、候補者は獣脚類に絞られる。

　つまり水中進出を阻んだ原因は恐竜全体の性質ではなく、獣脚類の性質にあるといってよい。そうなると特徴が捉えやすそうだ。

次に、海に入った脊椎動物の祖先を想像してみよう。クジラはカバに近縁なので、祖先はカバクジラかクジラカバだ。カメの祖先はきっと甲羅を脱いだカメみたいな姿である。モササウルスはトカゲの仲間から進化した。首長竜の祖先は4枚のヒレを脚に変えた姿だ。つまり彼らの祖先は四足歩行というわけだ。

一方で獣脚類の特徴が二足歩行にあることは、ジュラシック・パークでご存知の通りだ。この姿勢の違いが水中不進出の鍵かもしれない。

四足歩行の動物はなんとなく泳げそうである。犬かきをすれば前に進みそうだし、いずれ上手に泳げるようになるだろう。

では二足歩行ではどうだろう。獣脚類の体を側面から見ると、横に伸びたT字型をしている。脚をヤジロベエの軸とし、大きな頭と重い尾が前後に伸びてバランスをとっている。この体型に、泳ぎにくさの原因を見た。

泳ぐための動力はもちろん脚である。この体型で水に入れば、船の中央部から真下に脚が伸びたような状態である。このまま水を蹴れば、おそらくまっすぐ泳げず頭が下に沈んでいくだろう。なお前肢は普段歩行に利用していないため運動不足で貧弱で、泳ぎには使えないと仮定する。

恐竜と他の爬虫類の違いは脚のつき方にある。爬虫類は一般に体から横向きに脚が生えている。一方で恐竜は脚が体の真下に向いている。そのおかげで恐竜は重い体重を支えながらも機敏に二足歩行ができた。しかし水中ではこれが災いする。脚が横向きなら胴体の両側にバランスよく推進装置が配置されるため、二足でもまっすぐ推進できたかもしれない。

推進用モジュールが2本の後肢しかなく、それが体の真下にとびだしているという基本デザインが、薔薇色の水中生活の出鼻をくじいたに違いない！

## 最後の障壁

四足歩行者オヨゲル仮説はなんだか尤《もっと》もらしい気がする。だがまだ立ちはだかる壁がある。ウミヘビと鳥だ。

無足で泳ぐウミヘビの祖先はやはり無足のヘビだろう。ペンギンやヘスペロルニスは鳥なので二足歩行だ。いずれも四足歩行ではないが立派に泳ぎ始めた。

ウミヘビは脚という推進器官そのものを持たない。代わりに体をくねらせて泳ぐ。そういえばゴジラも体をくねらせて泳いでいた。ウミイグアナも尾をくねくねとさせて泳ぐ。この動きができれば、恐竜も泳げたかもしれない。

獣脚類は重い頭部とバランスを取るためのカウンターウェイトとして巨大な尾を持っていた。また、尾は脚を動かすための大きな筋肉の格納庫にもなっていた。彼らの尾は鞭のようにしなやかに動かす武器ではない。そう思うと、尾には柔軟性は求められていなかっただろう。そんな尾ではクネクネ運動器官にはなりづらかったと解釈したい。

鳥はどうだ。鳥にとっては翼も推進器官である。獣脚類恐竜は脚だけが移動手段なので運動器官は確かに二つだ。しかし、鳥は2本の脚以外に前肢が翼となっているので、推進器官は4つだ。この点は鳥と恐竜の大きな違いである。

さらにもう一つ。鳥は進化の過程で恐竜のような重い尾を失い、羽毛だけでできた軽い尾を持つようになった。

水に飛び込んだ鳥には、翼と脚という二対の推進器官がある。飛行用の翼は大きいと水の抵抗が大きいが、小さければ水中でも推進装置になるだろう。翼は体の横についているのでバランスも良い。

では脚はどうか。重く長い尾がないので、脚は体の真ん中ではなく後部に配置できる。潜水艦のスクリューが最後尾にあるように、脚が後方にあればやはりまっすぐ進みやすそうだ。平らな翼を横に広げれば、推進方向を安定させるスタビライザーにもなる。

前述した泳げる恐竜ハルシュカラプトルの姿にも手がかりがある。この恐竜は飛べはしないものの、前肢は羽毛を帯びた翼となっていたと考えられている。つまり、鳥的な姿を持っていたからこそ泳げたのだ。

獣脚類は二足歩行で柔軟性の低い尾を持っていた。機動性の高い陸の支配者になれたのもこの形態のお陰だ。しかし、皮肉にもこのアドバンテージが海洋進出を阻んだというわけだ。最近の研究によりスピノサウルスは泳ぎに適した縦に扁平な尾を持っていたことが明らかになった。この例外的な形態を得たからこそ彼らは水中適応できたのだ。

恐竜の海洋不進出のカラクリは、獣脚類のボディデザインにあるというのが暫定的結論である。この推測にはまだ粗《あら》があるし、なにより私は物理学者ではないので、推進器官の配置が泳ぎに与える影響は勘だ。

とはいえスイマー恐竜が極めて少ないことを考えると、根本的な制約があったと考えるのは不合理ではない。ブラッシュアップのため、今後もさらなる考察を重ねていきたい。

梅雨空の日は有益なことは何一つやる気がしない。そんな時は古代の課題に身を捧げて暇をつぶす。顰《しか》めっ面をしていれば、上司もきっと真面目に解析中と誤解してくれよう。

雨の日のアンニュイは野生の血統の証だ。はるか古代の祖先の時代、悪天候にめげずに狩りに出たお調子者どもは、風邪をこじらせ足を滑らせナンダカンダで死に絶えた。一方で天気が悪いとやる気をなくす個体は、洞窟で体力を温存して生き延びた。

私はその成功者の末裔なのだ。だからこんな日もあるのだ。

# 3　ミゾゴイの耳はパンの耳

## ミはミミのミ

私はパンのミミ愛好家だ。

軟弱なふわふわ白色部に比べ、適度な歯ごたえと香ばしさ。断然ミミ派だ。定年後の夢は、切っても切ってもミミばかりのミミダケ食パンの開発だ。

だが現実には、ミミは大量に詰め合わせてヒトヤマナンボである。ラスクに転生してようやく日の目を見る有様だ。おかげで安価さが長所となっている。

「戦いに負けないコツは戦わないことである」

孫子が言っていたような気がするし、言ってなかったような気もする。世間とランチパックが軟弱白色部を求めて群雄割拠するのを横目に、競争相手の少ない私は悠々とパンのミミを入手する。

パンはミミに限る。

さて、私が現在の職場に就職して最初に研究対象に選んだのはミゾゴイというサギである。

研究対象には二通りある。観察しやすい種と、しづらい種だ。

例えば、ツバメやシジュウカラなどは前者の代表である。このような鳥は世界中で研究が進んでいる。

一方でミゾゴイは観察しづらい。この鳥は数例の記録を除き日本でしか繁殖していない里山の鳥なのだが、日本人でもあまり馴染みがないのが実情だ。

多くのサギ類は、開けたところを飛び集団営巣するので比較的目立つ存在となる。しかし、ミゾゴイは森林内に単独営巣してひっそりと暮らしている。しかも地味な褐色で、間近にいても存在に気づきにくい。おかげでろくに研究が進んでいない。

研究が進んでいる鳥では簡単にわかることはすでに解明されており、新たな成果を出すのも一苦労だ。一方で研究が進んでいなければ、新発見も多いはずだ。

平和主義的パンミミ派の私は、不人気種を選んで他の研究者との争いを避け、狭いミゾゴイ業界の第一人者になろうという皮算用である。

## ゾはゾウカシテナイのゾ

ミゾゴイは観察が難しい。地味さに加え、数の少なさも一因だ。おかげで絶滅危惧種としてちやほやされている。

そこで疑問が生じる。この鳥は一子相伝の北斗神拳の使い手のようにもともと少数だったのか。それともジェダイのように時代とともに減少したのか。

もともと少ないのなら温かく見守ろう。しかし、減少しているなら、原因を突き止め積極的に保全せねばなるまい。

さて、北米にはクリスマス・バード・カウントと呼ばれる市民参加型調査がある。毎年クリスマスの頃に各地のバードウォッチャーが一斉蜂起して鳥を数えるイベントで、１９００年から続いている。ゴジラシリーズですら１９５４年以来六十余年の歴史しかないことを考えると、その息の長さが窺える。おかげで北米では、過去１００年の鳥類相の変化がわかるのだ。

しかし日本にこんな継続的調査はない。よってミゾゴイの個体数変化を直接知る術はない。こういう時は知恵を絞り詭弁を弄して間接的評価を試みる必要がある。

よし、まずは文化面から攻めよう。

田の下に鳥と書く字がある。これはミゾゴイを表す国字だ。

特定の字を持つことは、雀や燕など一部の著名な鳥にのみ許されたステータスだ。専用機を持つシャア・アズナブルのようなものだ。生態系の頂点に胡座《あぐら》をかくオオタカやイヌワシですら専用の字を持たない。せいぜい鼻息の荒い黒い三連星といったところである。このことから、ミゾゴイは日本人に馴染み深い存在だったと言える。

次にミゾゴイの別名を探すと、ヤマイボやウメキドリなど様々な地方名が見つかる。つまり彼らは、日本各地できちんと認識されていたのだ。

ミゾゴイの異名には、樋の口守りや護田鳥《うすべ》といった聞きなれないものもある。ミゾは用水路のことであり、樋の口は水田に水を引く水門だ。この鳥には何かと田んぼに由来する名がついている。

名は体を表す。仮面ライダーは仮面でバイクに乗るし、スーパーマンは超人だ。世界唯一の例外は鉄でできていないアイアンマンぐらいである。名前から察するに、ミゾゴイは全国の農地で親しまれる里山の普通の鳥だったと解釈できる。

しかし残念ながら、最近は田んぼで簡単に見られる鳥ではない。森林に住む彼らが田んぼに出現していたということは、それなりに数が多かった証拠だ。

つまりケンシロウ型低密度タイプではなく、減少して隠遁したヨーダタイプと推測される。

## ゴはゴウリテキのゴ

国語学者でもない私が、この憶測だけで減った減ったとプロパガンダを行うのは気がひける。

地域的には、過去に多数が繁殖していた三宅島や山梨県身延町で、近年は繁殖数がほぼゼロになったという記録がある。しかしこれはあくまでもローカルな報告であり、全国的傾向とは限らない。

そんな私に救いの手を差し伸べてくれたのは、後に上野動物園園長となる小宮輝之氏だ。古い日本動物園水族館年報を入手したというプチ自慢話を聞かせてくれたのだ。

この年報は1953年以来毎年発行され、日本動物園水族館協会の加盟施設で飼育されている動物の数が掲載されている。

そこにはミゾゴイの記録もあった。

動物園では、積極的に収集して飼育する動物もいれば、保護個体を飼育する場合もある。私が言うのもなんだがミゾゴイは人気があるわけではなく、パンダ様やキリン様のスペースを削ってまでわざわざ集めるものではない。

そうするとミゾゴイの飼育個体数は保護個体数に近いと仮定できる。飼育下での繁殖の例もないので、水浴びしたモグワイのように飼育個体がぽこぽこ増えることもない。

野生個体数が増えれば保護個体も増え、野生個体が少なければ保護個体も少なくなるはずだ。つまり飼育個体数の変化は野生個体数の変化を反映するというわけだ。しかも全国的な記録である。よし、次はこれでいこう。

早速、小宮氏から数十冊の年報を借り、飼育個体数の推移をグラフ化する。

１９５０年代はミゾゴイの飼育数が少ない。終戦直後で動物園の体制が不十分だったのだろう。１９６０年代には国内合計8個体の飼育記録があるが、その後はウナギ下がりに減少し、１９９０年代にはゼロになる。

次に、サシバという鳥でもグラフを描く。個体数減少が問題となっている里山のタカだ。１９６０年代には50個体以上が飼育されていたが、１９９０年代には5個体以下になっていた。仕上げはオオタカだ。この種は20世紀後半に数が増えたことを受け、２００６年に絶滅危惧種の指定が解除された。こちらは飼育数が10個体以下から40個体以上に増加していた。

サシバとオオタカの飼育数の増減は、野生集団の増減と矛盾しなかった。そう考えると、ミゾゴイの減少についても説得力がありそうである。

一般の人の野生動物への関心は以前よりも高まっているため、野生個体数が一定でも保護個体数は年を追って増加するだろう。それでもミゾゴイでは減少していたのだ。保護個体数は、人間と野生動物が接するエリアの状況を反映するにすぎない。このため、飼育数の減少率が集団全体の減少率と一致するわけではない。

とはいえ、ミゾゴイは里山の鳥なので人との接点は比較的多い。彼らが大幅に減少したことは間違いないだろう。

## イはイチマンノイメージのイ

減少傾向の次は個体数が気になる。一体何個体いるのだろう。

2001年に出たアジア版レッドデータブックでは、ミゾゴイは1000個体未満とされた。国際自然保護連合のレッドリストでもこの数字が採用された。

百舌、百足、百人組手、100はべらぼうに大きな数の代表だ。千手観音に千年女王、1000は人知の及ばぬ神の領域の数となる。

しかし、野生動物にとって1000個体は致命的に少ない。

たとえば外来マングースの捕食圧によりあわや絶滅かと心配されていた頃のヤンバルクイナが推定1000個体前後だ。その分布は沖縄島北部の200㎢程度の範囲に限られる。

あれ、なんだか違和感あるな。

ミゾゴイは本州、九州、四国を中心に分布する。3島合計で約28万㎢だ。彼らは標高1000m以下の森林を好む。そんな適地が全面積の30%とすれば約9万㎢。1000個体は500ペアなので、100㎢に0・6ペアの計算だ。

では現実はどうだろう。

愛知で繁殖期に行われた調査では、100㎢の調査地の23地点でミゾゴイの鳴き声が聞かれている。ふむふむ。密度の低い東京西部の林でも100㎢で3〜4地点は確認できた。ふむふむ。

どうやら、アレかな。1000個体はちょっと、言い過ぎかな。鳴き声がしたからといって必ずしも繁殖しているとは限らないが、少なくとも鳴いていた個体はいる。もちろん密度には地域差もあるが、どうやら1000ということはなさそうだ。実はこれまでに科学的な方法でミゾゴイの密度が計算されたことはない。1000という数も根拠は示されていない。目立たない生態ゆえの「個体数が非常に少ない印象」から導かれた過小評価の可能性がある。

ミゾゴイが減少したことは間違いない。保全が必要なことも間違いない。保全の必要性を説くには、個体数に関する共通認識が必要だ。そして個体数の少なさは保全の原動力となる。実際に1000という個体数が出された後、ミゾゴイの保全が進んだことは事実だ。

とはいえ過小評価は諸刃の剣だ。

たとえば1万個体から1000個体に減った鳥がいるとしよう。しかし、過去に過小評価により100個体と推定された後で、正確な調査により1000個体がいると推定されたらどう評価されるだろうか。実際には9割減少しているにもかかわらず、数字上は10倍の増加に見えてしまう。

日本のレッドリストには約100種の絶滅危惧鳥類が掲載されている。残念ながら、その全種の個体数や増減が科学的に推定できているわけではない。このため、まずは目安の数を出し修正していくのは妥当な手法だ。

大切なのは数の算出根拠を示すことである。印象なのか、密度に基づくのか、はたまた全数カウントか。それにより数字の信頼性が変わるからだ。

そして、もう一つ大切なことがある。仮に1万個体でも、やはり野生集団としては極めて低密度という感覚を持つことだ。万は千よりさらに大きく、「そんなにいるなら大丈夫」と見えるかもしれない。

しかし、ある生物が仮に日本に1万個体いるとすれば、38万㎢に5000ペア、10㎞四方に平均1・3ペアの密度だ。東京ディズニーランドとシー100個分にミッキーとミニーがようやく1組では、お客さんも疲労困憊の低密度である。

研究者は数値を単位あたりに換算する癖がある。これは数の持つ意味を現実的に把握するための習慣なのだ。

なお、国際自然保護連合の担当にミゾゴイ過小評価仮説を伝えたところ、ウェブサイトにある推定個体数が少し上昇した。とはいえ、これも地域的な密度に頼るもので、まだ信頼性が高いわけではない。より精度の高い推定が必要だ。

観察しづらい鳥の研究は容易ではない。しかし、容易でないからやらなくてよいわけではない。日本にしかいない鳥は、日本人が研究し保全する義務があるのだ。

# 4　ダンスはうまく踊れない

フランス人、アメリカ人、マダガスカル人、パーティ会場では世界各国から集った老若男女が国籍を問わず談笑している。

その一角で数人の日本人がかたまっている。この国の人の悪い癖だ。こういう時は各国の参加者と積極的に交流すべきだ。英語が苦手だからと自ら壁を作り閉じこもっていては、参加している意味がない。

「きっとそんな風に思われているんだろうなぁ」

かたまった日本人の中心で、至極まっとうな批判が頭の片隅をよぎる。だが、私には私の事情があるのだ。隅っこで目立たぬよう小さくなっているので、みなさんは気にせず国際化していただいて結構である。

## もちろんこれも仕事です

私はその時、インド洋に浮かぶレユニオン島にいた。２０１９年7月、レユニオン大学で開催されている島嶼《とうしょ》生物学の国際会議に絶賛出席中だ。この会議は数年に一度どこかの島で開催される。ハワイのオアフ島、ポルトガルのアゾレス諸島に続き3年ぶり3回目の開催である。レユニオン島はアフリカ大陸の東側に位置している。不思議の国のコーカス・レースで有名なドードーの産地であるモーリシャス島と、悪魔の使者アイアイが住むマダガスカル島の間にある火山島だ。ドードーを１ｍ四方のケージに入れて並べれば25億羽分しかない小さな島だ。

国際会議というと、殺風景な会議室でロの字とかコの字とかに机を並べて話し合う姿を想像するかもしれない。もちろんそんな会議もあるだろうが、学術分野での国際会議は研究発表の場である。

今回の国際会議には48ヶ国から４００名以上の参加者が集まり、約３６０件の研究発表が行われた。島の生物をめぐる進化、分類、保全、環境など、様々な分野の研究が互いに披露される。

参加のための条件は島の生物学への興味と参加費の支払いのみである。早期割引なら３００ユーロ、当日払いなら４００ユーロ、これだけ払えば誰でもこの会議に参加できる。

私は小笠原諸島の鳥の研究を専門とする身である。島の生物学とあらば万難を排して馳せ参じなくてはなるまい。右手にパスポート、左手に研究成果を握りしめ、いそいそと出席したのである。

今回日本からの参加者は合計8名。アジア人の参加者は少なく、他には中国やインドなどから少数が参加している程度だ。周囲を見回すとフランスやアメリカを中心とした欧米系の研究者がほとんどを占めている。

日本は全国各地津々浦々１００％が全て完全に島でできている純粋島国家だ。このため、日本の生物の研究をしていれば誰しもが島の生物学者を名乗れる。

しかし、この国際会議への参加者は少なく、島嶼生物学の世界における日本の研究の知名度は低い。小笠原諸島や南西諸島、伊豆諸島などでは多くの研究成果が上がっているにもかかわらずだ。

何故に国際会議に参加するのか。単に行ったことのない島に観光気分で行きたいだけなのか。否、日本の島の研究を、小笠原諸島の名を世界に浸透させることこそ、日本の島嶼研究者としての私の使命なのである。

## 言葉はいらない

まぁ大義名分はさておき、行ったことのない島に行くのはそれだけでテンションが上がる。島がテーマとはいえ、国際会議は研究発表の場であり研究そのものの場ではない。その点では、会議自体を島で開催する理由はない。むしろ世界中からアクセスしやすい大陸の大都市で行なった方が合理的に見えるかもしれない。

しかし、パリやロスではこれほど多くの参加者は集まらない。

島の生物学の面白さはそれぞれの島の独自性にある。世界各地の島の固有の歴史と環境に育まれた特殊な生態系と生物群。各地の島を知り比較することは、自らのフィールドの独自性と一般性を認識するための最良の手段だ。

このため、島の研究者はいろいろな島に行くのが大好きである。開催地を魅力的な島にすることで、国際会議は研究者ホイホイとなり参加者が充実するのだ。

かく言う私もまんまと策にはまり、バンコク経由でレユニオンに向かったのである。

国際会議に必要なスキルは何か。それは英語力である。

私は英語恐怖症だ。スギ花粉症と並ぶ2大疾病として国民病指定されている症状なので、これを責められる謂《いわ》れはない。とはいえ英語を使わなくてはどうしようもないので、万端な準備が欠かせない。まずは機内エンタメで英語の映画を見て耳を慣らすのが常套だ。

よし、今回は「キャプテン・マーベル」だ。すでに劇場で見ているので物語の流れは把握している。これなら英語も聞き取れよう。

だがそこに落とし穴があった。なんと、すでにストーリーを熟知しているためアクションだけで楽しめてしまう。英語が聞き取れなくても全く困らない。だからと言って予備知識のない映画を英語で楽しめるほど私の症状はヤワではない。

そもそも私は音痴だ。ミミズ並みの音感と玄武岩並みのリズム感しか持ち合わせていない。ドーナツとレモンの違いはわかっても、ドとレの違いは聞き分けられない。幼少時に6年間もピアノを習っていたにもかかわらずだ。

私の慎ましい英語ヒアリング能力は、この謙虚な音感ゆえだろう。体質なので完治は絶望的だ。実際私はこれまで数々の国際会議で失敗を繰り返してきた。

しかし実は今回はちょっと自信があった。

過去1年半にわたり、研究室の隣席にオーストラリア人留学生のハンナさんがいたのだ。ハンナさんと私は卓球友達だ。昼食後の30分は毎日一緒に卓球をしていた。英語ネイティブな彼女がサーブをすれば、彼女の身体から湧き出る英語パルスが打球にこもる。その球を打ち返せばラケットを介してパルスが私に伝わる。スポーツに言葉は不要、これなら仲良くできる。こうして私は卓球台を挟んで国際交流に勤しみ、英語パルスを身にまとったのだ。

## 川上英語化計画

国際会議は6日間にわたって行われ、朝から晩まで発表に耳を傾ける。特に開催地周辺のインド洋の島々の研究成果はふだんあまり馴染みがなく興味深い。

研究発表には、口頭発表とポスター発表の二通りがある。口頭発表ではスライドを使い12分間で成果を発表し、3分間の質疑を行う。広い会場で同時に多くの聴衆に聞いてもらえるのが利点だ。

ポスター発表では大きなポスターに研究成果を印刷し、訪れた人に直接説明をする。聴衆は多数のポスターが掲示された会場で好きなポスターを見る。個別解説なので深くじっくりと議論するならこちらだ。

私のヒアリング能力では、口頭発表を耳で聞くだけでは10％ぐらいしか理解できない。要旨集とスライドの英語を必死で読み想像力で補うことで、なんとか概要をつかむのが私の限界だ。……限界だった。前回までは。

しかし、今回は少し違う。発表を聞くだけで、なんと25％ぐらいの英語が理解できたのだ！25％は四捨五入すれば30％である。30％なんてほぼ50％と言ってよい。50％は四捨五入すればば100％だ！

古代ラピュタ文字を解読した時のムスカはこんな気持ちだったに違いない。

1年半にわたる英語パルス効果で、私の耳は少しばかり国際化の道を歩みはじめていた。おかげで私は多くの発表から新しい知識を得ることができた。

世界的希少種であるマスカリンミズナギドリがレユニオン島の森林の崖地で繁殖すること。一般に海を越えられないカエルの仲間が、コモロ諸島には自然分布すること。モーリシャスでは農業被害を理由にオオコウモリの大量捕殺が行われること。

休憩中には演者に話しかけ、疑問を解消し、知識を深める。

これまでにも国際学会や国際会議に参加してきた。「まぁ研究者ってのは国際会議に出るものだからな」という義務感とともにだ。正直なところ、英語の発表を聞くのは毎回苦痛で苦痛で苦痛でしょうがなかった。

それが、ようやく楽しめるようになったのだ。ありがとう、ハンナさん！

## 会議は踊る

そして5日目、最後のハードルを前にする。私自身の発表だ。

私が初めて英語で口頭発表をしたのはガラパゴス諸島でのことだ。不慣れな英語での発表は惨憺たる有様で、発表後の質問は理解できずただただ脂汗をかきながら立ち尽くし、身も心もズタボロになった。

公衆の面前で辱めを受けるのはもうイヤだ。それ以来英語での発表はポスター発表しかしていない。対面での個別発表ならジェスチャーと相手の優しさでお茶を濁せるからだ。

しかし今回はガラパゴス以来の口頭発表だ。他者の発表を楽しめるようになっても、自ら発表するのは全く別だ。緊張で１００回くらいトイレに行く。発表前は他の発表を聞いても何も頭に入らない。

いや、発表はまだなんとかなる。事前に2万回ぐらい練習したので機械的にでも最後まで喋れる。問題は質疑だ。

ガラパゴスの悪夢はもう勘弁だ。こうなったら質疑の時間がなくなるよう15分ギリギリまで喋ろう。

発表が始まる。小粋な冗談を交えつつ成果を話す。今回は噴火により海鳥繁殖地が壊滅した西之島の話題だ。なんだか思ったより上手に話せる。これもハンナ効果だ。ありがとう、ありがとう。

だが誤算があった。練習のおかげですらすら話せてしまい、質疑の時間が2分間も生じてしまったのだ。

質問の英語はいつも通り10％しか理解できない。しょうがない。まるで会場がうるさくて聞き取れなかったような顔をして聞き直そう。繰り返してもらったおかげで理解が25％まで進む。よしなんとか答えられる。

国際会議、恐るるに足らず！

症状が改善したとはいえ、恐怖症はまだ治療中だ。そんな私が英語で過ごすにはアドレナリンが必要だ。

無理にトップギアに入れて興奮状態を維持しなくては、精神を保つことはできない。それもせいぜい10時間が限界である。

最後の夜は会場の一角で送別パーティだ。軽食とお酒が振る舞われ、地元のバンドが演奏を始める。

もう今回分の英語は使い切った。せめてパーティではリラックスして日本人だけで過ごさせておくれ。

私はジンジャーエールを傾けながら、バンドの演奏を聴いていた。いつしかステージでは魅惑的なダンサーが踊っている。

彼女は笑顔を浮かべながらステージ上を移動し、客席に近づいてくる。私はすっかり油断していた。目の前に来た彼女が両手を差し伸べてきたのだ。

これはアレか？　客席から一般人を引き込んで一緒に踊らせて恥をかかせるアレか？

頑なに拒むという手もある。しかし、私は踊る阿呆になれと高等教育されてきた身だ。場を盛り下げるわけにはいかないではないか。

最後の最後にこんな悲劇ってあるかい？

前述の通りリズム感の欠如は私の最大の弱点だ。顔で笑って心で泣いて、衆人環視のステージに一歩踏み出す。いつの間にか一歩後ろに退いていた仲間たちがニヤニヤとスマホを構えている。その先はもう思い出したくない。

国際会議に必要なスキルは何か。それは英語力だけではないのだ。

## 5　プラネット・トリノ

### 白い家

1942年、進化生物学者のボガート氏が報道陣に向かって言った。

「そんな先のことはわからないよ」

これは、進化に対する考え方を端的に表している。

チャールズ・ダーウィン以来、生物学者は進化を語ってきた。しかし、長い時間をかけた生物進化を実際に目にすることは容易ではない。現実的に可能なことは、現在の生物に残された進化の痕跡から過去の道程を推定することだ。

たとえば、左腕がサイコガンとなった動物の集団がいるとしよう。サイコガンは精神エネルギーを弾丸として撃ち出す器官であり、他種を容易に制圧できる生存上有利な形質と言える。

　突然変異によりサイコガンを持つ個体が集団内に出現すれば、他個体よりも長生きでき配偶相手にも恵まれ、より多くの子孫を残せる。その結果、この形質は集団内に速やかに広がり、全個体がサイコガンを持つ種が生じると考えられる。

　このように、生物学では現代に存在する条件から進化の歴史を推定してきた。だからといって、将来的にサイコガンを持つ種が他に現れるかどうかは予測できない。なぜならば、突然変異は偶然の産物であり、いつどこで生じるかわからないからだ。

　また、たとえ突然変異が生じても、再びその形質が集団全体に広がるかどうかもわからない。たとえば、桃源郷のような平和な環境で無限に自生する桃ばかり食べて満足する種なら、武器は不要である。サイコガンに投資するエネルギーを繁殖に回せばより多くの子孫を残せる。この場合はサイコガンを持たない方が生存上の利益となり、サイコガンを持つ突然変異個体はろくに子孫を残せず、集団から速やかに消えていくに違いない。

　進化の研究では、既に現存しているパンダやシマウマの進化の過程を語ることはできる。しかし2億年後にどの動物がパンダ柄やゼブラ柄に進化しているかは、誰にもわからないのだ。

　生物学は現在の生物を理解するための学問であり、その方法として過去の理解に主眼が置かれてきたのだ。

## 鳥の惑星

さて、鳥が世界を支配する「鳥の惑星」は未来の地球に存在しうるだろうか。

中生代、この星の支配者は恐竜だった。現代の支配者は間違いなく人間である。では未来の支配者は誰か。誰もがこの疑問に興味を馳せてきた。

類人猿が支配する猿の惑星、サメが活躍する鮫の惑星、蟲達が割拠する腐海、様々な未来が予想されてきた。

そんな世界を見ていれば、鳥が支配する鳥の惑星が気になるのも自然な流れだ。果たして鳥人大系的世界は生じるのだろうか。

しかし、未来のことはわからない。

鳥類の今後の進化は全く不明だ。このため、現代の続きとして将来の生物の進化を占うのは非常に困難である。

一方で、生物学は過去の道筋を推定してきた。そう、未来がわからなければ過去を推定すれば良いのだ。

まず鳥が支配する鳥の惑星を無条件に想定しよう。その上で、その状況が生じるにはどのような歴史が必要だったかと、未来にとっての過去を推定するのである。これは生物学の王道である。

では、まずは鳥が支配する惑星の姿を設定したい。

プランA：色彩豊かな多様な鳥が飛び回る極楽浄土的世界。空にはゴクラクチョウが舞い、海にはペンギンが戯れ、地上には鳳凰がふんぞりかえる。

確かにこれは鳥の楽園だ。しかし、私が夢見るのはこんな漫然と平和な世界ではない。猿の惑星で描かれるような真に支配者然とした世界だ。

そもそも、現在地球上には約1万種の鳥がいる。その間には競争があり、捕食があり、托卵がある。他種を制し、他種を土台にし、他種を利用してそれぞれが生を紡ぐ。もちろん一部の例外を除いて種間交雑もできない。オオタカが将軍になり、カラスが参謀となり、ダチョウが突撃隊長となり、仲良く手を繋いで共同支配というのは考えづらい。

プランB：鳥の惑星はいずれか1種による独裁支配である。

## 黒き支配者

惑星の枠組みは決まった。いよいよこの世界を実現するのに必要な条件を考えてみたい。過去に地球を独裁支配した生物は人間しかいない。人間を支配者に押し上げた条件を参考にするのがよかろう。

教科書的に考えると、火、言語、道具の利用が重要らしい。これらのおかげで人間は天下統一の道を歩んだ。

まずは火だ。世の中には火を使う鳥がいる。オーストラリアではチャイロハヤブサ、トビ、フエフキトビが放火魔として指名手配されているのだ。彼らは野火から火のついた枝を運び、他の場所で火事を起こす。これは偶然ではなく、火に住処を追われて逃げ出す小動物を捕獲するためのテクニックと考えられている。

また、自分が火事を起こすわけではないが、ベニハチクイは火事が起こると野次馬的に集まってくる。彼らも火から逃げる昆虫を襲う。安全地帯を追われて逃げ出すと、そこには凶悪な敵がいてたちまち捕食される。まるでゾンビ映画のようだ。

一般に動物は火を怖がるとされる。もちろん人間だって火が怖い。何しろ八大地獄のうち二つが焦熱地獄と大焦熱地獄であり、恐怖の具現である地獄の25%は火の海なのだ。しかし、鳥は必要に応じて火を操れるのである。

次に言語である。鳥は美しいさえずりを行い、音声でコミュニケーションをとることはご存知の通りだ。縄張り宣言や求愛のための複雑なさえずりは確かに意味を伝えるものだ。しかし、これだけでは単なる記号であり、文法に従い他者に考えを伝える完成度の高い言語とは言えない。

そんな中で、鳥にも文法に基づく言語があることが報告されつつある。オーストラリアのクリボウシオーストラリアマルハシや日本のシジュウカラなどは、複数の単純な鳴き声を組み合わせることで、自分の行動や天敵の種類を他個体に伝えていることがわかったのである。

インコ科のヨウムのアレックスは、飼育下で人間の言葉を１００単語ばかり覚え、人間と言語でコミュニケーションを取れたことで有名だ。ヨウムには他にも１０００単語近くを覚えた個体もいる。鳥は言語を操るポテンシャルも十分に持っていると言えよう。

道具を使う鳥がテレビなどで紹介されるのを見た人もいるだろう。ニューカレドニアのカレドニアガラスは木の葉っぱを加工して手鉤《てかぎ》を作り、ガラパゴスのキツツキフィンチは枝を使い、穴の中の虫をとる。ササゴイは羽毛などを疑似餌に魚を捕り、エジプトハゲワシは石を使ってダチョウの卵を割る。

火、言語、道具。鳥類の支配者としての潜在的資質は十分だ。

では、いよいよ世界を統べる候補者を選ぼう。なんとなくイメージ的に、タカなんかは支配者に適当そうだ。火も使えるし、道具も使える。だが、彼らは残念ながら言語面で問題があった。

耳で聞いた音声を模倣することで新たな音声を獲得し、自ら操れるようになることを音声学習という。言語を操るためにはこの能力が不可欠だ。

この音声学習は全ての鳥類に可能なわけではない。この能力はこれまでにスズメ目、インコ目、ハチドリ科でしか見つかっていない。これらの鳥は他個体から学習して鳴き声を習得するが、他の鳥は生まれつきの鳴き声を出しているのだ。このため、言語の獲得はこの三つのグループに限られるのだ。

一方で火の積極的利用は猛禽類にしか見られていないが、火を恐れない鳥はこれら3グループにもいる。ハシブトガラスはスズメ目カラス科だが、京都では火のついたろうそくを運び時々ボヤ騒ぎを起こすことが報告されている。これは和ろうそくに含まれた脂肪分に惹かれての行動と考えられているが、火を恐れないという点は有望である。しかもカラス科では前述の通り道具利用も確認されている。

カラス科は他種からの音声学習もする。カケスはしばしば他の鳥の鳴き真似をする。単語数は多くはないものの人間の音声をまねるカラスも知られている。イギリスでは「アイム・オールライト」と話すムナジロガラスが話題になったこともある。

カラスが賢いことは有名だ。このため、彼らを支配者候補とするのはありきたりなので、できれば避けたかった。しかし現状でしぼっていくと、彼らに頼らざるを得ない。

この星の未来は、カラス科に託そう。

## 今ハ昔ノ物語

役者は決まったので、あとはシナリオだ。

カラスは賢い。しかし、現在の世界で彼らは支配者ではない。絶対捕食者である哺乳類のせいだ。

カラスといえども彼らの道具利用はまだ原始的な段階にある。これを発達させるには指の存在が不可欠だが、カラスの手には指がない。しかし、ツメバケイやダチョウなど一部の鳥には指があるので、鳥には指を持つ素養も十二分にあると言えよう。

鳥の祖先である恐竜には指があった。現代の鳥も発生の途中では指がある。

幼体の形質のまま成熟することを幼形成熟＝ネオテニーと呼ぶ。発生途中の指がある段階で前肢の成長を止めて大人になるというネオテニーが生じれば、指のある個体が進化する。翼は失うが、痛みのない改革はないので我慢する。

飛べないカラスが生きていくには、地上でチンピラ然と闊歩する哺乳類が邪魔だ。鳥類惑星計画のため哺乳類は滅ぶが良い。これは必須条件だ。

支配体制の確立にはもう一つ条件がある。絶滅の窮地に陥ることだ。

鳥の道具利用は、島やサバンナなど資源の少ない場所で見られることが多い。道具利用には思考が必要だが、脳のフル回転には多くのエネルギーがいる。一般に野生動物はエネルギーを節約したいので、できれば燃費の悪い思考は遠慮したい。しかし、工夫もなく過ごしていれば食物が得られない厳しい環境ではそうはいかない。窮地でこそイノベーションは起こり、知的行動が進化するのだ。

ヒトは約7万年前に絶滅寸前となったとされる。インドネシアのトバ火山の噴火による寒冷化で、人口が1万人以下にまで減少したとも言われる。人類はそのまま絶滅してもおかしくなかった。それでも絶滅しなかったのは、知的行動による革新があったからに違いない。

長い宇宙旅行から戻ると、リップ・ヴァン・ウィンクル効果により地球では数千万年が過ぎていた。既に人類の気配はない。最終戦争か、はたまた巨大隕石衝突か、哺乳類は絶滅していた。

黒い羽毛に覆われた二足歩行の大型脊椎動物が文明を築いている。白装束で頭襟《ときん》を載せ、顔には嘴《くちばし》がある。

鳥の惑星には、烏天狗がよく似合う。

# 第四章

# 火山島の、鳥類学者

# 1　火山・颱風・鮫・熱射　西之島軽挙妄動編

２０１９年９月８日、部屋に入りパソコンの電源を入れる。淹れたてのコーヒーに息を吹きかけると、水面にさざ波が立つ。

もしカップの中に島があれば高潮で大災害だ。神様の何気ない吐息が島民の運命を握る。ここに島がなくてよかったと思いながらコーヒーを口に含む。

足元に違和感がある。部屋が揺れている。温暖化を心配した神様が地球を冷まそうと息を吹きかけているのかもしれない。

キーボードを打つ手を止めて窓を見上げると、大きな黒い影が水平線に立ちはだかる。

南硫黄島がうねりの中で上下に揺れている。いや、揺れているのは私の方だ。

## 調査隊ビギンズ

2017年4月10日

西之島上陸調査計画を立てていたその日、会議参加者の一人が言った。

「大丈夫です。噴火は収まりました」

西之島は小笠原諸島の中でも特に孤立した島の一つだ。隣島まで130㎞もあるこの島は、数千羽の海鳥が繁殖するミニチュアの楽園だった。

2013年、楽園を突然の火山噴火が襲った。海底火山から流出した多量の溶岩は島の大地を覆い尽くし、洋上に新たな陸地を創生した。火の七日間と大海嘯《だいかいしょう》を足して2で割らなかったような大災害である。

2年にわたる噴火は2015年末に収束した。翌2016年、私は噴火後初の上陸調査隊に参加した。この調査に続く第二次調査隊が、2017年の桜の季節に結成されたのである。

私は島嶼生物学に身を捧げる学徒である。海に囲まれて孤立した場所にどうやって生物が分布するのか、この特殊な環境でどんな進化が起こるのか。島嶼生物学は、ダーウィン以来研究者を魅了してやまない由緒正しい学問分野である。

新たな島に生物相が生まれる瞬間を目の当たりにする機会は極めて稀だ。ハワイ、ガラパゴス、小笠原。研究者は数百万年から数千万年かけて形成された生態系の結果を見て、その成立過程を類推し、セオリーを導き出してきた。

西之島はその答え合わせの場となる。過去の類推ではなく、実際のプロセスを目の当たりにできるとは、研究者冥利に尽きるというものだ。

多くはないものの、もちろん新たな島はこれまでにも生物学者の前に生まれてきた。インドネシアのクラカタウ島は、1883年に厚い溶岩で包み込まれて生物のいない島にリセットされた。その後1927年には、近くに全き新島アナク・クラカタウ島が生成された。1963年にはアイスランドでスルツェイ島が生まれている。最近では2008年にアリューシャン列島のカサトチ島が噴火し、溶岩で覆われた無垢の島へと回帰した。

クラカタウ島やスルツェイ島では、長期的なモニタリングが行われ、生物相ができあがる過程が記録されている。スルツェイ島は生物学的な価値の高さから、世界自然遺産にも登録された。

新たな陸地の出現は稀だが、類例がないわけではない。しかし、西之島はこれらの島にない価値を持つ。

それは孤独さの故だ。

クラカタウ、スルツェイ、カサトチは、隣の島から20㎞弱しか離れていない。コンコルドなら30秒で到着できる、エスプレッソも冷めない距離である。

隣島が近ければ母集団の影響を受けて似た生物相になりやすい。風神様が軽く息を吹きかければ種子が飛び、天気が良ければハチが飛ぶ。スルツェイに至っては、冒険心にあふれたグーニーズがボートで上陸し、記念にジャガイモを植えてきたという逸話もある。

対して、西之島は１３０㎞だ。

種子はクラーケンの触手に叩き落とされ、ハチはエイハブ船長に仕留められ、悪童どもは蠱《こ》惑《わく》のセイレーンの手に落ちる。生物はそう簡単に到達できない。

これだけ孤立した新島は世界に類を見ない。海洋の只中の生態系はどのようなプロセスで生じたか。その謎を解明するための鍵は、唯一西之島のみにあるのだ。

小笠原諸島は世界自然遺産地域である。西之島の変化はその価値を高める事象だ。これを明らかにすべく、環境省が現地調査に乗り出したのである。

それから10日後の４月20日、パソコンの画面にメールがさざ波を立てる。

「川上さん、また噴火しました。上陸は……中止です」

調査隊は、解散した。

## 第二次隊リターンズ

２０１８年６月20日

前年の予期せぬ噴火は、２０１６年に私が設置した自動撮影装置と自動録音装置を溶岩の下にしまい込んだ。未来の科学者にＳＤカードを届けようという火山の女神の粋な計らいだ。小さな親切大きなお世話である。

２０１７年の噴火は8月に収束し、その後は静穏を保っている。この間は火口から１・５㎞が警戒範囲に指定され、西之島への上陸が制限されていた。

しかし、雌伏の時は終わりを告げ警戒範囲が５００ｍに縮小された。上陸調査が可能となったということだ。

「大丈夫です。噴火は収まりました」

第二次調査隊は再招集され、斥候を出す。

西之島の価値は類を見ない孤立だけではない。孤立により、人間の影響を受けづらいという点がその価値を支えている。

人間が住む場所には外来生物が侵入する。経済活動を維持している以上はやむを得ないことだ。しかしその影響範囲は有人島だけにとどまらない。

エイリアンはエアロックから抜け出して宇宙船内を駆け巡るのが定石である。有人島に侵入した外来生物は、あの手この手を使って島外に脱出を試みる。あるいは風に乗り、あるいは鳥が運び、無垢の生態系に到達しようとする。

有人島付近に新島ができれば多くの外来生物が容易に侵入し、人為の影響を受けた生態系が成立する。しかし、１３０㎞の海はこれを阻む障壁となる。人間が介在しない原生の生態系成立プロセスが保存されていること、これが世界に誇る西之島の価値である。

さて、再三の噴火により西之島の海岸地形は大きく変わった。安全な上陸のためには情報収集と上陸地点の選定が欠かせない。

斥候部隊を仰せつかった我々の任務は、ドローンでの調査と上陸海岸の視察だ。

7月12日未明、西之島沖に到達した私たちを出迎えたのは、暗闇の中で爆発的に溶岩を噴く神秘の光景だった。

あれ？　昨日までの情報では噴火してませんでしたよね？

翌日22時に警戒範囲は1・5㎞に戻され、第二次上陸調査隊は再び解体された。

## 旗を掲げよ

2018年10月31日
またまた警戒範囲が500mに縮小される。

2019年の上陸実現のため、環境省により第三次上陸調査隊が三度結成される。第三次第二次上陸調査隊である。

隊員はあえてあのセリフを口にしない。神様の遊び心と地下のマグマだまりを活性化させる神秘の呪文だと気がついたのだ。

今回は5日間の上陸調査で4ヶ所の海岸に上陸する計画だ。9月の実施を目指し、火山と生物の研究者が招集される。私は研究全体のコーディネートをする研究班長だ。

調査計画を立て、資材の準備が進む。

外来生物の随伴を避けるため、調査資材は可能な限り新品とする。新品が用意できなければ、冷凍、エタノール洗浄、目視クリーニング、御祈禱などのプロセスを経て清浄化が図られる。

物資の目処がついたら次は水泳訓練だ。外来生物対策の仕上げはウェットランディング、すなわち泳ぎでの上陸である。荷物と体を海水で洗浄する最後のお作法である。

2019年8月某日、隊員全員が東大のプールに集まる。ニコニコと厳しい水泳の先生を招き、トラブルを想定した訓練を行う。泳ぎながらウェットスーツを着る練習。マスクなし、片足フィン、フィンなし、ヘッドアップクロール。波で機材を失った状況を想定し、ひたすらに泳がされる。

やせ我慢はやめて吐露しよう。この歳になると、結構しんどい。

訓練の終盤、プールの縁にたどり着いた瞬間に右手人差し指に激痛が走る。

臨場感を高めるため誰かがサメでも放ったかと思ったが、周囲にサメは見当たらない。どうやら鎌鼬《かまいたち》のようだ。しかも3匹目がサボったようで、すっぱり切れた傷口から血がどくどくと流れ出す。古い施設はこれだから油断できない。

残念ながら私は訓練をリタイアし、止血しながら他の隊員の訓練を見守ることにした。苦しい訓練をサボれてラッキーとか、思ってない。

こういう時は、怪我した部位を心臓より上に掲げて出血を抑えるのがセオリーだ。この場合、右手を挙げて人差し指で天を指すことになる。

「川上さん、いつも楽しそうですね」

ふむ、サタデー・ナイト・フィーバー的な姿勢のため、楽しげな雰囲気が出てしまったようだ。お願いだから、もっと心配してくれ。

出航まで残り10日にして3針を縫う。これで厄払いも済んだので安心して出発できそうだ。なお、これが今回の調査隊最大の負傷案件となったことを言い添えておきたい。

さて、この時期の心配は噴火よりも台風である。たとえ直撃しなくとも、うねりがあれば上陸は難しい。

出航3日前、予想天気図をもとに調査決行の判断が下される。

「大丈夫です。台風はありません」

あれ？　このセリフって言っていいんでしたっけ？

## 想定の範囲内

9月1日朝8時。

隊員が三崎港に集結する。せっかくの漁港だからと市場の食堂で絶品刺身定食を食べていたため少し遅刻したことは内緒だ。

調査船に荷物を積み込み南へ針路をとる。母船は第二開洋丸、842tの調査船だ。西之島までの船内での2日間は、現地調査に向けた最後の仕上げだ。研究者間で調査プロトコルを確認し、共同調査の準備をする。甲板で上裸になるのは急激な日焼けを防ぐための焼き慣らしである。もちろんカメラを向けられればちょっとマッチョなポーズも忘れない。

9月2日、船内ミーティングのため調査隊長が研究員を招集する。

安全かつ効率よく調査するには、隊員相互の意思疎通が欠かせない。調査計画の最終確認をし、直前に気分を盛り上げて士気を高めようという魂胆に違いない。

隊長が厳かに口を開く。

「……南の海上に台風が発生しました」

うん、そうなるって知ってました。

台風のため5日間の上陸予定は2日半に短縮された。2倍速で調査を終えた私たちは、本州方向とは逆に約300㎞南下した。北上する台風を避け、南硫黄島の陰でうねりをやり過ごす算段だ。

窓外の島は生まれて数万年を経た生態系に覆われている。原生環境が保全された南硫黄島の姿は、数万年後の西之島である。標高916mを誇り森林に包まれた島の周囲では崖が崩落している。崩落が進めば島はなだらかに安定し、いずれは海に没して姿を消す。

台風が収まり北上した私たちは、伊豆諸島の須美寿島《すみす》に立ち寄る。わずかな植物が張り付く生物相の貧弱な岩礁である。崩壊が進み海中に没する間際の姿だ。

奇しくも創世記から黄昏までの島の一生を超ダイジェストで目の当たりにできた。台風のおかげでお得な調査行と言えよう。

前人未到の地の調査に不確定要素はつきものである。調査計画が予定通り進むなんて、最初から誰も信じてはいない。その中で最大の成果を上げることが我々に課せられた使命だ。

調査断念に慣れた我々にとって、2日半の上陸は十分な知見を与えてくれた。次回は西之島で見た始まりの生態系を紹介しよう。

# 2 火山・颱風・鮫・熱射　西之島前言撤回編

「この島の鳥はもう大体わかっている」

マンモスビーチを駆け抜けて、スカイウォーカー台地に踏み入れる。遠くそびえる火砕丘《かさいきゅう》に目をやり独り言ちる。

２０１９年9月、私たちは環境省の調査で西之島を訪れた。

断続的な噴火のために上陸ができなかった3年間、私はただ指をくわえていただけではない。西之島ではカツオドリやアジサシ類などの海鳥が繁殖している。そして、この3年の間にも東京大学地震研究所や環境省などが調査のためドローンで空中写真を撮影している。その画像から海鳥の営巣状況はある程度把握できているのだ。

確かに上陸すればより詳細なデータが得られる。とはいえ、それなりに状況がわかっているため心躍る新発見は期待できない。おかげでスカイウォーカー台地に到達してもトキメキは最小限だ。

しかし、今回の調査の目玉は他にある。

この調査は総合調査である。鳥だけでなく、植物、節足動物、土壌動物、潮間帯生物、地質、地震の専門家が参画している。シンプルな生態系を持つ西之島の自然の主な登場人物を網羅した調査隊と言える。

鳥担当の私の仕事は、ドローン撮影による既知の事実の確認と言えよう。しかし、節足動物や潮間帯生物などは過去に専門家により調査されたことがない。植物学者の調査も15年ぶりだ。これらの分野ではどんな結果も新発見だ。

溶岩流を免れた旧島由来の大地にどんな生物が生き残っているのか。火山噴火により新たに出現した陸地や海岸にどんな生物が進出しているのか。

人為の影響が及ばない孤島の生態系の全貌を解明する彼らの成果こそ、今回のミッションの目玉である。

なおスカイウォーカー台地は、黒い溶岩に呑まれゆく島で最後に残された旧島由来の陸地のことだ。マンモスはもちろん西の海岸である。ジェダイの生き残りであるルークと矢吹丈のセコンドに敬意を込めて勝手に命名したが、いずれ国土地理院の地図に掲載されるまで草の根的に流布する予定だ。

ただし、勇気がないので公式の場では旧島と西之浜と呼んでいることは内緒である。逃げ腰ついでに旧島と西之浜の方が語呂的に書きやすいので、この後は本文でもこちらの名称を使うことにする。

## 大海原の片隅で

大きな期待感もなく気楽に訪れた旧島の地上では、多数のカツオドリと少数のアオツラカツオドリが3年前に比べて高密度で繁殖していた。予想通りである。

いや、予想ではない。私はすでにそうと知っていた。なにしろ、上陸3ヶ月前に撮影されたドローン画像を分析済みである。たかが3ヶ月で状況はそれほど変わらないのだ。

営巣地で鳥に全く影響を与えず調査することは不可能だ。

巣の合間を歩くと、ぬいぐるみのようにムクムク真っ白な雛から抗議の声が上がる。親鳥と変わらぬサイズに育った巣立ち直前の雛は、ブレードランナーに追われるレプリカントのように逃げていく。ごめんねごめんねと謝りながら、繁殖状況を調査する。抱卵中の親は敏感なので、なるべく近寄らないようにしよう。

自然の調査は攪乱《かくらん》を伴うものであり、影響をゼロにはできない。逃げない鳥たちもストレスを受けるし、植物を踏めば再生に時間がかかる。

もちろん影響を少なくする努力はするが、同時に最大限の成果が得られるよう努力することも重要だ。与えたインパクトに見合うだけの調査成果が得られなければ、それはただの自然破壊だ。

　巣の位置、雛の数、基礎的な情報を記録し、土壌や古巣、死体などのサンプルを採集する。変化する生物相のモニタリングには、初期の情報収集が不可欠なのだ。

　カツオドリは地上に皿型の巣を組んで繁殖する。あまり丁寧に作り込まれたものではなく、どちらかというと雑然と巣材が積まれたものだ。

　旧島には噴火の災禍を生き延びた植物が生育している。そのほとんどはイネ科のオヒシバだ。特殊な植物ではなく、近所の道端からブラジルの道端まで広く分布する雑草中の雑草だ。

　この植物があればカツオドリは枯れ草で巣を作る。しかし、暗黒の溶岩の手に落ちたこの島では、植物が生えている面積は島全体の０・１％にも満たない。その資源量はダース・シディアスの涙ぐらいしかない。

　他に住宅建材として使える天然素材は、吐き戻したトビウオの骨や島の大地に散った友達の骨ぐらいだ。時にはカツオドリの頭蓋骨が巣材の一部としてニコニコしている場合もあり、ブーフーウーもびっくりするぐらい圧倒的な材料不足だ。

　おかげで、植生から離れるにつれて巣の中はゴミ箱的様相を示し始める。

　巣には歯ブラシやビーチサンダル、塩ビ管、ビニールロープなどが犇《ひしめ》いている。大海原の恵みたる漂流物でいっぱいだ。

資源不足の西之島では、天然素材より人工素材の方が圧倒的に多く使用されている。プラスチック系漂着ゴミは難分解性ゆえに世界的に問題視されている。しかし、善悪はさておき、カツオドリはその漂着ゴミのおかげで巣材を充足させている事実がある。

ざっと見たところ、西之島の海岸には漂着物は少ない。カツオドリは漂着物だけでなく、海上に漂流するゴミを集めてせっせと島に持ち込んでいるのかもしれない。

カツオドリの繁殖地には、そばかすのように点々とゴミの集積場ができている。人がいない島だからこその海鳥の楽園であり、海鳥がいるからこそのゴミの集積というわけだ。

文学者なら、自然な大地に点在するゴミ屋敷を無垢の肌にできたかさぶたにでも見立てるのだろうかと、若干シニカルな気持ちを抱えながら初日の調査を終了した。

## 天使と悪魔

調査は母船からの日帰り通勤だ。島で幕営すると荷物が嵩《かさ》むし、炊きたてご飯も真っ白シーツもない。ゆっくり休むことも、野外調査を成功させるコツの一つである。

初日の調査は順調に進んだ。船室のベッドに横になり、調査成果を整理して翌日の予定を立てるため、島で見た風景を脳内でリプレイする。

ドローンで確認していた通りに高密度で繁殖するカツオドリの巣。巣立ちした若鳥、巣立ち前の幼鳥、幼い雛のいる巣、抱卵中の巣など、様々な繁殖段階が見られる。オヒシバ群落があり、漂着ゴミの巣が点在する。

いや？　なんだか違和感があるな。リプレイを一時停止だ。

違和感の正体は抱卵中の巣だ。

西之島から東に１３０㎞の南島にもカツオドリの繁殖地がある。この島のカツオドリは5月ごろから繁殖に入り、9月ごろに巣立っていく。小笠原では他の島でも似たようなスケジュールだ。個体により繁殖期がずれ、8月でもまだ小さな雛がいる場合もある。しかし、そんなイレギュラーな巣はそれほど多くない。

カツオドリは雛が孵化《ふか》してから巣立つまで約3ヶ月かかる。9月に抱卵していると巣立ちは12月、もしかしたら1月になるかもしれない。

この島としては、かなり遅いスケジュールである。しかもそれがイレギュラーな個体のようには思えなかった。脳内に投影された映像によると、卵から巣立ち若鳥まで様々な段階の個体が連続的に生息している。

どうやら、この島では繁殖期が長期化しているのかもしれない。

ここまで巣立ちを遅らすには何か裏があるはずだ。クリスマスまで親のスネをかじり、サンタプレゼントを手中に収め、あまつさえお年玉までせしめる魂胆か。天使のごときあどけない顔で世間を欺き中身は悪魔のしたり顔とは、なんという計算高さだ。

カツオドリの企みに戦慄しながら長考に入る。

これはどういうことだ？

## 考える人

目を閉じると走馬灯が全速力で疾走し始める。

瞼に浮かぶのは、この上陸調査の時期を議論する会議のシーンだ。

「9月にはほとんどのカツオドリが巣立つので、繁殖への影響は最小限に抑えられます」

確かに私はそう言った。しかし、実際にはアクティブな巣がたくさんあった。やはり予測と違っていた。

走馬灯は3年前の10月の上陸調査のシーンに遡《さかのぼ》る。カツオドリの巣に雛は1羽もいない。いるのはもう巣立った若鳥ばかりだ。

走馬灯を全部見終わると縁起がよくないので、この辺にしておこう。

やはり今回見た光景は想定外だ。溶岩に包まれた西之島は他では見慣れぬ独特の光景を演出している。この大きな違和感に惑わされ、現場では繁殖スケジュールの違和感を見落としていた。久々の上陸調査で興奮して冷静さを欠いたことも事実だろう。

では、3年前との違いは何か。

3年前は噴火が収まったばかりで、繁殖しているつがい数はまだ少なかったはずだ。この短いようで長い3年間で巣の数は増加している。

そして今日見たのは巣材の供給不足にあえぐ民衆の姿だ。巣が増えればより多くの巣材が必要だ。巣材をめぐる競争は激しくなる。繁殖開始に出遅れた個体は巣が作れないかもしれない。茫漠たる海から巣材を探すのはジェダイの滅びた世界でヨーダを探すような気の遠くなる行程だ。時間がかかれば営巣開始はさらに遅れる。他の巣の雛が巣立ち巣材が放出されるまでお預けになる場合もあるだろう。

溶岩流出により島の面積は増えたが、巣材を供給する植物は激減した。一方で営巣数は回復中だ。そこで生じた巣材不足に対する解決策は、営巣を諦めることではなく、繁殖期をずらすことだったのだ。

噴火により劇的に変化した世界で生き残るため、カツオドリは行動をガラリと変えて適応し始めた可能性がある。これは興味深い。

上陸調査のおかげで得られた新事実に興奮を禁じ得ない。ドローン画像だけでわかったつもりなど言語道断である。何もわかっていなかった自分を猛反省だ。

もちろんこれはまだ仮説に過ぎない。原因は全く別かもしれないし、今年だけの異常行動かもしれない。しかし、仮説を立ててそれを証明するのが研究者の仕事だ。

翌日、営巣地に自動撮影カメラを仕掛けた。まずはこれで繁殖地の様子を記録し、本当に雛がサンタを待つかどうかを明らかにできる。メルモちゃん的急速成長で9月末に巣立つ可能性も0・1％ぐらいはあろう。数十年に一度の巨大台風でも直撃して壊れない限り、来年の調査で記録が回収できる。

　やはり調査は上陸しての直接調査に限るな！

　なお、この時の私は1ヶ月後に巨大台風19号が西之島直近を通過することをまだ知らない。本州に広く水害をもたらし後に令和元年東日本台風と名付けられた台風ハギビスである。風速30ｍ、波高10ｍの脅威にカメラが耐えられたかどうかは不明だ。

　自然は予測不能だ。だからこそ興味が尽きないのである。

# 第五章

# 鳥類学者は、名探偵

# 1 オガサワラカワラヒワ・オガサワラカワラヒワ

## 絶滅ごっこ

仕事が手につかない日は「絶滅ごっこ」に限る。

日本では98種の鳥が絶滅危惧種に指定されている。彼らはどのくらい絶滅しやすいのだろうかと、ふと思うことがある。

そこで絶滅ごっこだ。これは対象種の上手な絶滅法を考えるゲームだ。

まずはプレイヤーの属性を設定する。今回は「ただの金持ち」で行こう。もちろんガンダムでもゴルゴ13でもよい。主人公が悪に染まり、特定の種を絶滅させる旅に出るところから物語は始まる。

勝利条件は対象種の「絶滅」だ。

よし、今回はミゾゴイを絶滅させるべく暗躍しよう。ミゾゴイは絶滅危惧Ⅱ類に該当するサギ類で、私の研究対象の一つでもある。日本の本州から九州までの里山で繁殖し、冬はフィリピンなどに渡って越冬する。

鳥を守るために必要な柱は三つある。「食物の確保」「生息場所の維持」「捕食者の管理」だ。逆にいずれかが不足すれば鳥は絶滅に向かう。

まず、ミゾゴイの食物はミミズや昆虫などの土壌動物だ。これは広く浅く分布する資源である。食物が鹿せんべい限定とかならバイトを雇って買い占めればなんとかなりそうだが、土壌動物をただの金持ちが殲滅するのは不可能だ。

ならば生息場所の完全破壊に方針を変更だ。

とはいえ、全国の里山を買い上げて伐採し尽くすのは、アラブの石油王でもなければ容易でない。全樹木を枯死させる万能病害虫の開発も進んでおらず、片っ端から山火事を起こすには日本は広すぎる。

よし、捕食者の増殖だ。ミゾゴイの成鳥はオオタカなどのタカ類に、雛や卵はカラスやアオダイショウなどに捕食される。

タカを増やすには獲物が多い豊かな生態系が必要だが、それが難しいからこそ多くの種が絶滅危惧種に指定されている。増やせるとしたらカラスぐらいだ。

ただしカラスが増えているのはゴミなどで食物条件が好転している都市周辺ばかりである。ミゾゴイ絶滅のための戦闘員として増殖させるには、日本中の里山にゴミを散らかさねばなるまい。これでは不法投棄で警察に逮捕されるのが関の山だ。

残念ながらゲームオーバーである。プレイヤーの属性を「巨神兵」にして日本を焼き尽くせばよかった。

ミゾゴイは20世紀後半に急減して絶滅危惧種に指定された。その主因はおそらく越冬地の森林減少だ。とはいえ、最近はフィリピンの森林面積も回復しつつあるようだ。この鳥はそう簡単には絶滅しないのかもしれない。

絶滅ごっこの初心者には、もっと絶滅しやすい鳥が必要だ。

そこで本日のおすすめはオガサワラカワラヒワである。

## 小鳥たちの食卓

オガサワラカワラヒワは小笠原諸島にいる鳥だ。名前が長くて面倒なので、ここではオガラヒワと呼ぼう。

カワラヒワは日本を含む東アジアに生息し、本州でも河原や住宅地などで普通に見られる。緑褐色の羽衣と翼の黄斑が特徴の若干地味な小鳥だ。

オガラヒワはカワラヒワの亜種である。亜種とは、別種にするほどではないが地域により形態が異なる集団と思ってもらえればよい。最近のDNA分析では、オガラヒワはカワラヒワと別種にするのがふさわしいほど遺伝的に異なる集団に分化していることがわかっている。

このオガラヒワはレッドリストで最も絶滅可能性が高いランクである絶滅危惧IA類に指定されている。これは期待できる。

小笠原諸島には、聟島《むこじま》列島、父島列島、母島列島、火山列島の4列島が含まれ、オガラヒワは戦前には全域に分布していた。

しかし、現在繁殖が確認されているのは、母島列島の5つの小属島と火山列島の南硫黄島だけである。分布が狭い上に縮小傾向となれば、絶滅させるのも簡単そうだ。

この鳥を最後の一羽まで絶滅させるには、減少の原因を明らかにすればよい。原因がわかれば、あとはその条件を加速させればよいのだ。

大魔神サタンは人間として生活することでその弱点を知り、デビルマンを出し抜いて人類を滅ぼした。私もオガラヒワの気持ちになり、その弱点を明らかにしよう。セオリーに従い三本柱の解明である。まずは、食物だ。

オガラヒワは種子食である。本州のカワラヒワは主に草の種を食べるが、オガラヒワは草だけでなく樹木の種子もよく食べる。

島は狭く孤立した場所なので資源が限られる。季節や気象条件により草の種が不足することもある。この環境で生き抜くため、草だけでなく様々な種子を食べるように進化したに違いない。

　種子食者はなかなか大変な商売である。植物は一年中種子をつけるわけではなく、花が咲いた後にしか結実しない。このためオガラヒワは色々な季節に種子をつける多様な植物がないと生きていけない。

　種子依存症ゆえ、オガラヒワは特定の種類の種子ではなく、季節や場所に合わせて様々な種子を食べる。選り好みなどしていられないのだ。

　種子食者はしばしば高い移動性を持つ。狭い範囲では食物が枯渇することもあるため、食物の豊富な場所を求めて移動する。母島列島のオガラヒワも無人の属島での繁殖が終わると、面積の広い有人島の母島に移動してくる。そして繁殖期には再び属島にもどるのだ。

　森林と草原に覆われた小笠原ではオガラヒワにとって種子は無限にあると言ってよい。特に個体数が少なくなれば競争相手が減るため、各個体が利用できる食物は増加し、食糧事情は好転する。

　そう考えると、食物を多少減らしても、おそらくオガラヒワの絶滅を誘うことは難しいだろう。

　生息場所に関しても同様だ。彼らは何の変哲もない低木林の枝の叉の上に巣を作る。そして低木林が広がる島でもなおこの島は姿を消してきた。

　こうなると、捕食者に鍵がありそうだ。

## サタンの正体

在来の捕食者としてはノスリというタカがいる。

ノスリの食卓には、アナドリやオナガミズナギドリなどの海鳥、トラツグミなどの陸鳥といった小さくとも50 g以上の鳥が並ぶ。小型の鳥は捕獲しづらい割に腹が満たされずコスパが悪い。ノスリはカップの小さなハーゲンダッツより、業務用の2リットルアイスを抱えて食べるタイプだ。わずか18 gのオガラヒワは箸にも嘴にもかからない。

それならば外来種が宿敵候補だ。小笠原には多くの外来哺乳類が侵入し、在来種の存続に影響を与えてきた。

ウシ、シカ、かわいいネコ、こどもが好きなウサギ、逆境にも負けないブタ、立ち姿がかっこいいヤギ、牛肉よりも美味しいヒツジ、人類と共に分布を広げてきたネズミ。

人気のふれあい動物園が経営できそうなほど様々な哺乳類が移入されてきた。しかも偶然にも彼らの名前はしりとりになっている。

小笠原諸島は孤立した島であるため、長距離の海を越えられない地上性哺乳類は自然分布しない。在来哺乳類は鳥を襲うことのないコウモリ類しかいないため、鳥たちは哺乳類に対してあまりにも無防備だ。一方で外来哺乳類は、友達になろうと言いながらレーザー銃を撃ちまくる緑色の火星人のような驚異的な存在である。

さて、外来哺乳類の中で肉食性を発揮できるのはブタ、ネコ、ネズミである。

ブタは地上で営巣する鳥の巣を襲う。しかしオガラヒワは樹上営巣性だ。

ネコは狙った獲物は逃さない優秀なハンターだ。しかし水泳は苦手なので無人島にはほとんど分布しない。

そうなると候補はネズミしかいない。

小笠原にはドブネズミ、クマネズミ、ハツカネズミの3種が侵入している。彼らは人間にとっても厄介者なので、わざと持ち込んだものではない。積荷に紛れて侵入したのだろう。

このうち最大の問題はクマネズミだ。この種は海を泳いで隣の島に渡れるため無人島開発にも積極的だ。木登りが得意で、垂直な木でも問答無用である。そのうえ彼らはグルメじゃない、植物でも生きた鳥でもなんでもペロリだ。

そんなクマネズミが侵入した島は、聟島列島と父島列島のほとんどの島、母島列島の母島、火山列島の北硫黄島と硫黄島である。

これはオガラヒワが姿を消した島のリストと一致する。

そしてオガラヒワが生き残る母島属島と南硫黄島は、数少ないクマネズミ未侵入地である。人間の物資と共に侵入したクマネズミは、無人島も含めて約30島に分布を広げた。彼らは樹上に登り巣を襲い、卵や雛を旺盛に捕食しオガラヒワを絶滅の縁に追い詰めてきたのだろう。

クマネズミが鳥の捕食者となるのは珍しいことではない。小笠原諸島の西島という無人島でも、クマネズミを排除した途端にそれまでいなかったウグイスが繁殖を始めた例があり、その捕食圧が証明されている。

しかし、クマネズミとオガラヒワの分布が真逆になっているという関係は、これまで見落とされていた。なぜならば、過去の文献では母島属島にクマネズミが分布すると書かれていたからだ。最近のより詳細な調査により、母島属島にいるのがクマネズミではなく、木登りがあまり上手でないドブネズミだとわかったことで、この関係が明らかになったのである。

ただし、件《くだん》の「過去の文献」の著者が「川」から始まる鳥類学者であったことは内緒である。間違いは、誰にでもあるよね。

オガラヒワを絶滅させるのは簡単だ。宅配便でクマネズミを母島属島と南硫黄島に送りつければよい。そこそこの金持ちなら難しいことではない。

また、母島属島にいるドブネズミは、どうやらクマネズミほどではないが樹に登り巣を捕食しているようだ。そのため過去20年間にオガラヒワは激減し、残り数百羽しかいない。わざわざ手を下さずとも、傍観していれば遠からず絶滅するだろう。

逆にオガラヒワを救うにはドブネズミを根絶すればよい。その上で他島のクマネズミを排除すれば、彼らの集団は回復に向かうはずだ。

絶滅ごっこは、保全に必要な条件を明らかにするための高尚なお遊戯なのである。

さて、実はこの鳥には絶望的に欠けているものがある。それは知名度だ。

保全事業には血税が不可欠である。血税を使うには国民の理解が必要であり、理解を促すにはまず名前と現状を知ってもらわねばならない。しかし今はまだこの鳥は無名すぎる。そんな状況で絶滅へのカウントダウンが始まってしまったのだ。

日本でおそらく最も絶滅に近い鳥の名前は「オガサワラカワラヒワ」である。まずはこの名を覚えていただけると幸甚の至りだ。3回ぐらい名前を連呼すれば、きっと頭に刻み込まれることだろう。

## 2　休むに似たり

広瀬香美さんが恋しくなる季節、突き抜けた空の下に橙《だいだい》色の果実がたわわに実っている。柿だ。

色を失いつつある季節の中で、この果実だけが世界に色彩が残っていることを訴えている。特定の果物に対して他の果物の名を冠した色名で表現することに若干の躊躇《ちゅうちょ》もあるが、名前だけでは緑色なのか茶色なのかがわからない緑茶よりはまだマシだ。

しかし、なんとも不思議な光景である。これだけ目立ちながら、なおこれだけタワワとはどういう魂胆だろうか。

## 果実があれば大丈夫

冬は鳥にとって食物の枯渇する季節である。特に昆虫などの節足動物は非常に乏しくなる。このため、夏に昆虫食を決め込んでいた鳥たちも、しばしば果実食に転向する。

ヒヨドリやメジロはその代表格といってよかろう。

昆虫などの動物質の食物には、アミノ酸も脂肪もカルシウムも必須元素もバランスよく含まれている。これだけ食べていれば栄養状態は問題ない。

これらの鳥は春から夏にかけて昆虫をよく食べる。デザートにトマトやビワを嗜《たしな》んで農家の皆様にご迷惑をおかけすることもあるが、来るべき未来に備え人類に先駆けて昆虫食に勤しんでいる。

特に子育てに昆虫は欠かせない。成長期の子供は体を作る材料としてアミノ酸やカルシウムなどを大量に摂取する必要があるからだ。

しかし、中華料理屋のメニューから冷やし中華がなくなるのと時を同じくして、昆虫も存在感を希薄化する。

外温動物である彼らは、液体窒素を被ったT－1000のごとく動きを止める。あるいは枯れ葉の下に縮こまり、あるいは次世代の卵に未来を託し、鳥たちの前から姿を消す。

それでもなお昆虫を探して落ち葉を裏返す鳥たちもいる。シロハラなどのツグミ類にはこのタイプがしばしば見られる。一方で、果実食に転向して冬をやり過ごす鳥もいるのだ。

「ご飯はバランスよく食べなきゃだめですよ」

そんな綺麗事は鳥には通用しない。肉食偏重だった鳥たちが、冬になるとデザートに偏食を漲《みなぎ》らせ果実を探し求めるのである。

## いくつもの冬を越えて

あいもかわらず、柿はたわわに実っている。

秋から冬は果実の季節とは言え、その量は湯水の如く豊富なわけではない。枯渇の世界であれだけ果実が目立てば、鳥たちも当然気付くはずだ。

冬空の巷間を見回すと、確かに鳥が柿の実を一心不乱に食べる姿も見られる。しかし地域一帯を睥睨《へいげい》すると、残されている柿の実はかなりの量になる。

なぜ食べ尽くされずに残っているのか、不思議でしょうがない。

私はどっぷりと感情移入して映画鑑賞する派だ。ここは鳥の気持ちになって考えよう。

冬は寒い。できることならゆっくり休んでいたいが、生きるにはエネルギーがいる。甘い果実にはエネルギーの元となる糖分がたくさん含まれている。果実を探さねばなるまい。

そんな時に遠目にも目立つ果実が誘ってくる。柿は野外で食べられる果実としては格別に甘い。

据え膳喰わぬは鳥類の恥である。これだけ食べ放題なら、毎日通って食べ尽くしたいところだ。しかし、そうしないのには理由が必要だ。

近所のカキノキに近寄ってみると、先端に大きな果実をつけた枝が垂れ下がっている。「たわむ」が語源ともされるタワワにふさわしい状態だ。重い柿の実が枝の下にぶら下がっているのだ。

これでは、普通に枝にとまると果実は足の遥か下となり食べづらい。

しかし、果実はたくさんあるので、隣の枝にとまれば食べられる。メジロなどの小鳥なら、果実の上にとまったり逆さにぶら下がったりもできる。食べようと思えばいくらでも方法はあるので、果実のつき方は障碍《しょうがい》にはならない。

では、果実そのものに食べにくさがあるのだろうか。

柿の実は綺麗に色づき、なおかつパリパリと硬い状態で青果店に並ぶ。個人的には熟し柿よりも硬い方が好きだが、この状態では鳥には食べづらい。硬くてくちばしが刺さらなければ食べられない。

とはいえ、木の上には誰にも見向きされずに柔らかく熟しきっている果実がたくさん残されている。硬さでもこの残り様は説明できない。

甘い早い安いと三拍子揃っているにもかかわらず売れ残るのは、得られる利益以上に不利益があるのかもしれない。

## タンニンがとけるほど恋したい

そうなると、思いつくのは渋柿である。

人間の口に入る柿は甘い。いわゆる甘柿である。

甘柿も未熟な時は渋いが、熟すにつれて渋みが抜ける。渋みの原因はタンニンだ。渋みが抜けるメカニズムには二通りある。一つは、タンニンが水溶性のものから不溶性に変化することで、渋みを感じなくなるタイプだ。もう一つは、タンニン生産が成長途中で止まり総量が少ないため、果実が小さい時は渋みを感じるが、大きくなると濃度が薄まり渋みを感じなくなるタイプだ。

いずれにせよ甘柿は品種改良の結果であり、野生種は熟した後にも渋みが残る渋柿である。そして、その辺に生えているカキノキにも多くの渋柿が混じっている。

タンニンは動物にとっては毒である。

アカネズミの研究では、タンニンの入ったドングリを暴飲暴食すると死んでしまうことが知られている。鳥にとっても好ましいものではあるまい。

果実は、果肉を報酬として提供することで動物に食べてもらい、種子が散布される。種子が未熟なうちに食べられることは果実にとって不利益となるため、未熟なうちに渋いのは理にかなっている。しかし、熟しても食べてもらえないのでは、熟し甲斐がないというものだ。

もしかして、柿は鳥に食べられたくないのではないか。

鳥の立場で考えても埒《らち》が明かないので、次は柿の気持ちになって考えよう。

## 柿の下で逢いましょう

車のドライバーが横断歩道を渡る私に気づいた時は、もう手遅れだった。これまでの人生が走馬灯のように駆け巡り、意識が途切れる。

次に目が覚めた時、私は柿の実に転生していた。

ある日ニホンザルがやってきて隣の未熟な兄弟をもぎり、地上に投げつける。足元でサワガニの断末魔が聞こえる。

もがれたのが自分でなくて良かった。柿の人生に綺麗事は不要だ。私はただただ果実が熟すのを待つ。

私の使命は、体の中心にある種子を誰かに遠くへと運ばせることだ。そのために、美味しい果肉を育てて鳥を誘引する。

すっかり熟した果肉を目当てに、ヒヨドリやムクドリがやってくる。さぁ、心ゆくまで食べるが良い。しかし、彼らは果肉ばかり食べて一向に種子を飲み込もうとしない。計算ミスだ。

鳥の目当ては果肉だ。種子は消化されないので、食べずにすめばすませたい。

柿の果実にはたっぷりと果肉があり、大きな種子を残すのは簡単だ。キャラメルコーンのピーナッツを残すが如しである。

大きな種子は小さい種子に比べて生存率が高くなるというメリットがある。一方で、果肉と混じって偶然鳥に食べられ散布される確率は低下する。

ヒヨドリに果肉を奪われた私は皮と種子だけになり、地面に落ちる。体が離れてしまえば、親子とはいえ敵同士。大いなる母樹との生育場所をかけた競争に勝てる見込みはない。サワガニがお世話してくれることもなく朽ち果てる。

GAME　OVER
そんな人生は嫌だ。

柿は樹上で黄色く目立つため、てっきり鳥ウェルカムと思っていたが、果肉ばかり食べる鳥はノーサンキューだ。

むしろ無造作に種子ごと食べる存在こそが必要であり、ちまちま食べる鳥やサワガニは歓迎されない。

そうなると、柿には鳥に食べられないような対空防御システムが必要だ。タンニンで防衛するのもさもありなんというところだ。

また、柿を食べると体が冷えるとも言われる。実際に柿を食べると体表温が低下するらしい。一般に毒も薬も効果を発揮する量は体重に比例する。鳥類にも同じ効果があるとしたら、体重が軽く役立たずの鳥にたくさん食べられないための防御手段になるだろう。

柿の実が待ちわびているのが鳥でないなら、考えられるのは哺乳類だ。木登りが得意なテンやツキノワグマは無頓着に種子ごと果実を食べ、その散布者となりうる。サワガニに柿を投げつけるサルも、投擲《とうてき》型種子散布者と言えよう。

地上に落ちても第二の人生が始まる。今度は旺盛な地上性雑食者であるタヌキなどが食べにくる。実際に彼らの糞からはしばしば柿の種子が見つかる。

柿に含まれるタンニンには抗酸化作用や防腐効果が認められている。このため果実は長期間樹上で保存され、特に食物が枯渇する冬に落果して地上性哺乳類に食べられやすくなるのかもしれない。

また、タンニンは大量に取ると毒だが少量なら薬効があり、整腸作用などが認められている。鳥に比べ体の大きな哺乳類では、より多くのタンニンを摂取しても大丈夫だろう。

その一方で、哺乳類とはいえ食べ過ぎは禁物だ。このため1頭が食べ尽くすのではなく、多数の個体が少量ずつ食べることになり、いろいろな場所に散布されやすくなるものと考えられる。渋柿は食べられるが食べやす過ぎないことに意味があるのだ。

柿の実が待っていたのは、鳥ではなく哺乳類なのだ。

人里でカキノキに多くの果実が残っているのは、このような場所にはテンやクマなどの野生哺乳類が少ないからだろう。

なまじ柿の実が樹上で目立ったり、鳥が食べる姿が見られたり、さらに私が鳥類学者であったりするため、「柿を食べるのは鳥」という先入観を持っていた。この先入観ゆえ、ずいぶん遠回りをしてしまった。

いやはやなんとも反省しきりである。

とりあえず柿の実に生まれ変わって確信した。サワガニに感謝されるよりニホンザルにもがれる方が幸せである。

ひと心地つき文献でカキノキを調べる。そこにはこう書かれていた。

中国南部原産、奈良時代ごろに日本に持ち込まれた。

ふむふむ、カキノキは外来種ですか。

そうですか。

いや、もしかしたらそうじゃないかと思っていたのだ。なんだか里の近くにばかりあるし。

ということは、ここまでの思索と転生とインクは無駄ということだ。

日本と大陸の生物相は異なる。日本で進化した生物でないなら、日本の生物相の中で散布者を考えてもあまり意味がない。

大陸には日本にいない動物も多い。もしかしたら果実を丸呑みするキョダイカキクイスズメや種子を持ち歩くタネハコビガニがいるかもしれない。

生物の進化は環境や周囲の生物に大きく影響される。このため、原産地の条件で考える必要があるのだ。

なまじカキノキがたくさんあったり、学名がｋａｋｉだったり、正岡子規が法隆寺で一句ひねったりするため、「柿は日本のもの」という先入観を持っていた。

この先入観ゆえずいぶん遠回りをしてしまった。

柿の実が残るのは単に「日本に本来の散布者がいないから」かもしれない。考え事の前には、まずは既存の文献を調べるのが基本だ。

いやはやなんとも反省しきりである。

## 3　ジャイアント・ウォーキング

### 鳥類学者の当然

人間は二足歩行である。

しかし、生まれた直後は四足歩行で、老境に差し掛かると三足歩行になる。フェキオン山の人面ライオンがそう言っていたから間違いない。生まれた時から二足歩行だった例としては北インド出身のゴータマ・シッダールタ氏が有名だが、これはあくまでも例外中の例外だ。三足、四足にも頼る人間は、不完全二足歩行生物と言わざるを得ない。

さて、鳥類は二足歩行である。

卵が割れると、ヒヨコたちはすっくと立ち上がり、つぶらな瞳をキョロキョロさせながらチヨコチョコと歩き出す。キョロでチョコとは、森永さんもほっこりの孵化《ふか》場面である。

確かに全ての鳥が、生まれた途端に歩くわけではない。メジロやスズメなど樹上や樹洞で営巣する鳥は、生まれた時には目も見えず立てもしない。樹上では歩く必要がないからだ。

ニワトリを含むキジの仲間は地上に営巣する。キツネやイタチといった地上性捕食者が跋扈《ばっこ》する世界だ。そんな危険地帯に歩けないチョコボールが落ちていたら、瞬く間に捕食者のカロリー源となる。このため、地上営巣性の鳥には生まれてすぐに歩ける種が多い。

生まれてすぐ歩き回れるほど成長して雛が誕生する鳥を早成性と呼ぶ。一方で、メジロのように未熟な状態で生まれる鳥を晩成性と呼ぶ。

そんな晩成性の種も、いざ歩き始める時には二足歩行だ。いずれにしろ、年を取っても杖をついたりしない。

鳥類は完全二足歩行生物なのだ。

つまり鳥類学者は完全二足歩行生物学者ということだ。

しかも霊長類が二足歩行を始めたのは1000万年に満たない最近のことだが、鳥類は1億5000万年も前から二足歩行している大先輩だ。

ここまで説明すれば、個人趣味的なものではなく、職業柄自然発生的に生じたトピックと理解いただけるだろう。

私は、巨大二足歩行ロボを運転したい。

## カレル・チャペックの啓示

人類の歴史は、巨大ロボへの憧れの歴史である。

その系譜はギリシャ神話のタロースやユダヤ教のゴーレムに遡《さかのぼ》り、グレート・タイタンやジプシー・デンジャーまで受け継がれてきた。この潮流は未来永劫にわたり滞ることはなかろう。

現在のところ自由自在に動く巨大二足歩行ロボは開発されていない。とはいえ昨今の科学技術の進展を考えるとその時代は目前である。

日本で開発されたロボの元祖は、江戸時代の茶運び人形あたりだろう。40㎝程度の小型のものだ。そして本田技研のアシモは２０００年のデビュー時に約１２０㎝、２０２０年に横浜で稼働したガンダムは18ｍである。

ロボは指数関数的に巨大化しており、家庭用巨大ロボ時代はすぐそこにある。

では、まずは巨大ロボの存在意義を明確にしよう。

飛行用なら二足歩行型である必要はない。巨大ロボは地上移動用である。しからば車で十分と思う人も多いだろう。たしかに効率よく回転運動する車輪があれば、二足歩行は無用にも思える。

だがそれは誤解だ。

二足歩行者である鳥類の脚に車輪がついていないのはなぜか。車輪は平らな場所では有用だが、岩が重なり倒木がのさばるラフな自然界では役に立たないからだ。そんな場所では黄色いシボレー・カマロやワーゲン・ビートルも二足歩行せざるを得ない。もちろん無限軌道にも限界がある。

日本は災害列島とも呼ばれる。地震、火事、津波、噴火など様々なリスクを抱えている。液状化や土砂崩れにはミシュランもブリヂストンも無力だ。

その点、巨大ロボなら大きな岩もひとまたぎ、火山も津波も恐竜も巨大ロボにゃかなわない。非常時対策のためにも巨大ロボの導入は必須である。

## 鳥はロボット

とはいえ、自家用車だっていきなり選べと言われても簡単には決められない。ましてや巨大ロボは高い買い物だ。事前にどんなモデルに乗るべきかを考えておかねばなるまい。

なによりもまず巨大ロボは大きい。コン・バトラーVは身長57m、マジンガーZは18mだ。小型に見える後者ですら初代アシモの15倍の高さだ。

そんな巨大ロボで二足歩行するには、姿勢の保持に一苦労だ。片足立ちは教習所での難関になるだろう。

大きいことは重いことを意味する。身長が2倍になると、体重は3乗で増加して8倍になる。身長10倍なら体重は1000倍だ。

体が少し傾けば、超重量級の体は取り返しがつかないほど倒れていく。重ければ重いほど、体を元の位置に戻すのに必要なエネルギーは大きくなる。大型化すると、バランスを崩しやすくなるのだ。

これを回避する方法の一つは、足裏面積の増加だ。

安定して二本足で立つには、足の接地面の上に重心が位置する必要がある。つまり、接地面を増やせばそれだけ安定しやすくなる。

こういう時は二足歩行の先輩である鳥にならうべきである。生物の形態や機能を科学技術に活かすバイオミメティクスは、人類に有用な知見を与えてくれる。

鳥の脚は前方に向けて趾《あしゆび》が3本、後方に向けて1本が伸びる三前趾足《さんぜんしそく》というスタイルが基本となる。

この脚では前向きの3本が扇形に伸びて足裏がカバーするエリアが広がることで、安定しやすくなる。フラミンゴもそのおかげで一本脚で眠れるのだ。

一方で、後ろに伸びる1本は地上では邪魔だ。歩行時に脚をかかとから下ろすと、迷わず突き指になる。

鳥は樹上で枝を摑むため前向きの趾と向かい合う趾が進化したと考えられている。巨大ロボは枝に留まらないのでこれは不要だ。前方に扇形に広がる趾だけあれば、安定感が高まりそうだ。

では実在の大型の鳥を見てみよう。鳥類の長い進化の歴史の中では様々な形態の種が生まれ、トライアル・アンド・エラーが繰り返され、洗練された最適形態に集約されてきたはずだ。

飛べる鳥で最大の種はアフリカオオノガン、体高1・5m、体重18kgの大物だ。この鳥の脚には後ろに伸びる趾がない。地上生活者なので不要なのだろう。巨大ロボにふさわしい脚だ。

しかし、前方に伸びる趾を見ると、これが思いのほか短い。体に対する比ではスズメやニワトリの方がよほど長い。ミッキーマウスのように足先がドンと大きく安定感の高い姿を期待していたが、なんともサリーちゃん的である。

いや、この鳥ではまだ軽すぎるのかもしれない。

ならばエピオルニスだ。

この鳥は17世紀ごろまでマダガスカル島にいた飛べない鳥だ。体高最大3・4m、体重約500kgとも推定される。

化石鳥類も含めて最大の鳥は、同じくマダガスカルのボロンベ・ティタンだ。平均体重650kgとも推定されるが、全身の骨格は見つかっておらず参考にしづらい。全身の構造がわかる鳥としては、エピオルニスが最大だ。

その足先を見るとやはりコンパクトで鉄腕アトム的な雰囲気を持つ。大型化しても接地面は広がらないのだ。

確かに大型化するとバランスを保ちづらくなる。しかし、細い趾に重い体を預けるには限界があるのかもしれない。足裏を広くすると邪魔になり機動性の低下もありそうだ。

自然環境下では静的な安定性よりも、姿勢を常に微調整する動的な安定性が適するということだろう。接地面を無闇に広げないすっきりしたデザインこそ、進化の歴史に祝福された形態なのだ。

安定した二足歩行を実現するもう一つの方法は重心を下げることだ。

ダ・ヴィンチによるウィトルウィウス的人体図から察するに、人間の胴体は脚と同じぐらいの長さがある。

脚が長ければ障害物を越えやすく、またコンパスが長くなり効率よく運動できる。だが、胴が長いと重心が高くなり安定性が低下する。

ここでまた鳥を参考にしよう。多くの鳥の胴体は直立していない状態を基本とする。上司にお辞儀するような姿勢で、場合によっては背骨が地面と水平になることで、脚の長さの割に胴体の高さは抑えられる。例えばダチョウでは、胴体部分の高さは脚の長さの半分から3分の1程度だ。巨大ロボも稲穂のように平身低頭姿勢がよかろう。

だが若干気になることがある。それは、巨大な鳥があまり大きくない点だ。大きいことはいいことだ。巨大な植食者は捕食者に襲われにくいし、巨大な肉食者は大きな獲物を仕留められる。

しかし、最大のボロンベ・ティタンですら体高4m弱しかない。長い首を除くと肩までの高さは3mにも満たない。

長い進化の歴史の中では、可能な限り大型化する戦略をとる鳥が現れていただろう。にもかかわらず4m止まりということは、二足歩行者として現実的に動きやすいサイズはこの程度が限界なのかもしれない。

だが、このサイズのロボではコックピットが狭く三角座りが関の山だ。腰が痛くなり長時間運転は難しい。

参考になるさらに大きな二足歩行者が必要だ。ここは鳥類の祖先たる恐竜の力を借りよう。ティラノサウルスやスピノサウルスなどの大型恐竜は、体高は5m以上、頭から尾の先までは15m近く、体重は10t弱に至ったと考えられる。このサイズならコックピットの居住性も確保できる。

恐竜はなぜ鳥より巨大化できたのか。

それは体の構造の違いのためかもしれない。鳥は頭や尾が軽く、体重はコンパクトな胴体に集中している。一方で恐竜の頭と尾は重く、胴体の前後に長く伸びている。これが安定の鍵に違いあるまい。

フィリップ・プティ氏がワールドトレードセンターで綱渡りをした時、彼は長い棒を手にしていた。長い棒を持つと慣性モーメントが大きくなり、バランスをとりやすくなる。平均台で腕を横に広げるのも同じ原理だ。

獣脚類恐竜の体型は前後に長いT字型だ。体重が前後に分散された構成は、体重が中心にまとまった鳥より姿勢を安定させやすく、巨大二足歩行に貢献したに違いない。

よし、初心者が選ぶべき巨大ロボは、前後に胴体が長い恐竜型だ。

いやはや、自然からは学ぶことが多いなぁ。

だが、私が乗りたかったのは本当にこれだろうか。巨大ロボと言えば人型がいいに決まっている。乗りやすければ良いというものではない。

いやいや、星飛雄馬だって大リーグボールのために血の汗を流した。輝かしい成功には下積みが必要だ。いずれきっと50mクラスの巨大人型ロボを華麗に操り、合体や変形も覚えてみせる。輝かしい明日に向け、まずは初心者用の恐竜型で謙虚に研鑽を積もう。

心構えはできた。後は発売を待つばかりだ。

# 第六章

# 鳥類学者は、振り向かない

# 1　目録編集物語

作業が始まって4年が経った。

4年といえば、当時まだ40歳に満たなかった私にとって人生の10分の1を費やしたことになる。千年女王換算なら百年の大事業だ。

最終チェックを終えた原稿は印刷に回り、2週間後には一般に公開される。

遠くない将来に編集委員会は解散され、鳥類学の歴史に1ページが加わる。

## あなたの鳥を数えましょう

「日本には約540種の鳥がいます」

2011年までの図鑑にはしばしばそう書いてあった。

「日本には約630種の鳥がいます」

2013年以後の図鑑にはそのように書かれている。

2012年はマヤ文明の予言で世界が滅亡する年だ。それなら種数は減りそうなものだ。にもかかわらず増加ということは、10進法に見切りをつけ9進法の採用に踏み切ったのかと疑う人も多かろう。

実はこれらの種数には根拠がある。それは日本鳥類目録だ。

日本鳥学会は1912年発足の由緒正しい学術団体だ。鳥学会は発足10周年を記念して、1922年に日本鳥類目録を出版した。これは国内で記録された全ての鳥の目録である。日本で一度しか発見されていない種も含めた全鳥種が掲載され、和名、英名、学名、分布、生息環境がわかる。

一方で、分類は時代により変化する。同じ鳥が他所の鳥と同種とされたり、独立種とされたりする。昨日まで近縁だとされていた種と、全く別のグループになったりする。ネコの仲間と思われていたネコバスが、バスの仲間だと判明するようなものだ。

さらに、分布も変化する。今までいなかったところに分布を広げたり、繁殖していた場所からいなくなったりする。東京ばかりに出現していたゴジラが北米大陸に進出するようなものだ。

変化の中で、目録は各時代の鳥の地位を記述してきたのだ。

目録は10年に一度を目処に改訂される。様々な事情で改訂が遅れることもあり、改訂第6版は2000年に出版された。そして学会設立100周年記念として、第7版が2012年9月に出版された。

この目録に掲載された種数が日本の公式記録だ。第6版から第7版への改訂による掲載種数の増加が、図鑑での記載の変化をもたらしたというわけだ。

## 7度目の夜明け

時に2008年9月、鳥学会内に目録編集委員会が発足した。

「……ということで、よろしくお願いしますね」

学会長から声がかかる。

私は分類学者ではない。鳥の分布記録にも精通していない。小笠原に固執するローカル鳥類学者だ。

だが、当時若干ヒマそうにしていたのも事実だ。30代後半の働き盛りは仕事を与えるのに手頃な存在と言えよう。

目録を見れば、研究対象の鳥が分類学的にどう扱われ、どこに生息しているかがわかる。目録は、時代とともに変化する鳥学の海を渡るための船である。と、三浦しをんさんも言っていたような気がする。

記念すべき改訂第7版の編集に携わることは、研究者としての喜びである。委員会には私の他に6名が名を連ねていた。分類や記録に精通した委員が揃っているから、大した仕事はせずに済みそうだと瞬時に判断する。

「了解しました。オマカセ下さい」

覚悟もなく思案もなく応えたことを明瞭に覚えている。

どうせ4年先だし。

今から思えば全くなんというおたんこなすな所業であろうか。よく考えると、日本で記録された全ての鳥を網羅的に記載するなど、狂気の沙汰だ。

この時期は、鳥の分類と記録が大きな変革を迫られていた時期である。

１９９０年代にはＤＮＡによる生物の分類が一般化した。その技術と信頼性は急速に高まり、２０００年代には鳥類全体の系統が大きく見直された。２００８年にはハケット氏らにより現生鳥類全体の網羅的な系統関係が明らかにされ、旧来の形態による分類が大きく覆された。

高性能のデジタルカメラが一般化したのもこの時期だ。撮影が難しかった鳥の記録も比較的容易になった。これにより、数が少ない種や迷って飛来した種の記録が飛躍的に増加したのだ。

そういうわけで、この目録には大改訂が必要である。ラクチンな訳がなかろう。

## ぶつかる壁は厚い

編集チームは2班に分けられた。分類グループと、記録グループだ。

分類グループは、各種鳥類の論文を熟読精査し信頼性の高い分類を選定する。ＤＮＡ分析と言っても、どこの配列を分析するかで結果が異なることもある。同じ鳥に異なる学名が用いられていることもあり、どれが分類学的に正当かを判断しなくてはならない。そして正しい分類に基づき、世界的な分布を決定する。

これは大変な作業だ。当初４名だったこのグループは徐々に拡大し、最終的には16名になった。

記録グループは、観察記録を精査して国内分布と生息状況、生息環境を決定する。構成員は２人で、私が目録６版に掲載されていた約５４０種の記録をアップデートし、もう一人が新規に掲載する種の選定と記述を行う。

「まぁ、前回からのコピペで結構なんとかなりそうだよね」

もちろん大誤算である。

学会が責任を持って記述するには根拠がいる。まずは地域ごとに鳥の記録リストが必要だ。そこで各都道府県の記録に精通した47名と、各地の島嶼に詳しい９名の協力者に白羽の矢を郵送し、協力をお願いした。

彼らには、国内で記録のある全鳥種について地域での記録の有無、記録された月、繁殖の有無、記録の頻度のリストの作成と、新記録の種の追加を頼む。これは大変な作業だ。しかも島嶼地域では島ごとに作業する。その見返りは、完成した目録の贈呈のみだ。いやはや、お引き受けいただいた皆様には、今もなお感謝に堪えない。

このリストを統合し、それぞれの種がどこで繁殖し、どこで越冬し、どこを通過しているかを記述するのが私の役目だ。56地域の記録を網羅的に見るため、データをプリントアウトしよう。ウィーン、シャカ、ウィーン、シャカ、ウィーン、シャカ。

ふむふむ、小さめに印刷したつもりだったが、A4で2000枚を超えてしまった。持ち運ぶだけで腰を痛めそうである。なお、見やすいように片面印刷にした結果、何年経っても裏紙を使い切れず徐々にセピア色が濃くなっていく。

ただひたすら記録と語り合う修行僧のような毎日は、もう思い出したくない。紙をめくりすぎて指紋の在庫が尽きた頃、気分転換に別の仕事を始めた。私のミッションの一つ、鳥の和名と地名のローマ字表記の決定である。

目録は、海外の研究者が日本の鳥の生息状況を知るためのツールともなるので、和名のローマ字表記は必須だ。

ここは一般的によく使用されるヘボン式で統一すればよかろう。たとえばスズメはSuzume、何の問題もない。

しかし、オーストンウミツバメに出会って立ち止まる。

なにこれ？

オーストンは標本収集家のOwston氏のことだ。それをローマ字でOsutonと書くと、なんだかバカっぽくないか？　ローマ字表記を読むのは日本人よりも海外の研究者だ。それなら、

Owston-Umitsubameがいいんじゃないか？

しかしそんな恣意的操作をしたら、一貫性がなくなる。

メリケンキアシシギはどうする。メリケンの語源は「アメリカン」だ。これはAmerican-Kiashishigiにすべきなのか？

群馬ってなんだ？　パスポートではヘボン式でGummaってなっているらしいが、県はGunmaって名乗っているぞ？

似た疑問はどんどん出てくる。そういえば学生時代に「大音」という名字の友人がいたけど「おおおと」のローマ字表記はどうしてたっけな、なんて思い出にひたる。

表記ルールの統一は一見簡単そうだが、実は手強い敵だったのだ。

現実逃避に、１９８０年代に著名な鳥類学者が著した記事に目を通す。海外の鳥に和名をつけたリストだ。命名はもちろん一定のルールに基づいている。やはりルールは必要だよなぁとプレッシャーがのしかかる。しかし、次の一文が目に入った。

「和名は……フィーリングでつけたものもある」

よし、先輩に倣《なら》おう。胸のつかえが取れ、作業のスピードが上がった。

## 夜明けの前が一番暗い

委員会のメーリングリストの記録を見ると、２００８年9月から２０１１年末までの配信メールは月平均17通だ。2012年1月から7月は平均47通に増加する。そして目録出版直前の8月は498通になった。

編集委員会のメンバーはもちろん鳥類学者だ。鳥類学者が集まれば当然立派な鳥類目録が最も簡単にできあがるに決まっている。そう思っていた。しかし、出版の1ヶ月前になり重要な事実に気づいた。

我々は鳥類学のプロだが、書籍編集のプロではないんじゃないか？

それぞれが作成した目録の部品を持ち寄り、1冊の目録として統合する。全体像をとらえ、みんなでチェックする。

不思議だ。ミスがないページが1ページもない。

ミケランジェロが作った脚に、岡本太郎が作った胴体をつなぎ、ギーガーが作った頭部をのせたら、その彫像は果たして美しいだろうか。専門家が作った部品を持ち寄っても、必ずしも素晴らしい作品ができるとは限らない。

分類グループと記録グループの記述の不一致。分類グループ内の小グループ間での齟齬《そご》。分布の正確性への疑義。単純な記述ミス。

そうこうする間にも新たな論文が発表され、内容変更を迫られる。

今更ながら、委員間での見解の相違が露呈すれば、問答無用の激論の火蓋が切られる。そりゃあしょうがない。我々は編集者じゃなく研究者なのだ。納得のいく結論が得られるまで議論を尽くすのが流儀だ。もうそんな場合じゃないのはわかっているが、止められない。「もうダメ」「手伝って」「無理」「見切り発車」「今、離島にいます」ネガティブな単語が舞い、8月28日に満身創痍で入稿を迎える。

学会の予算は潤沢ではない。一度印刷されれば、次の改訂は10年後だ。総勢19名の委員が祈りを捧げる。

幸いにも致命的ミスは見つからず、2012年9月14日からの鳥学会創立100周年記念大会で目録は高い評価とともに迎えられた。

謝辞には176名の個人の名が並んだ。残念ながら4年の編集期間に物故者となり目録の完成をお見せできなかった方もいる。様々な形で協力いただいた皆さんに、改めてお礼を申し上げたい。

編集委員も各地域の協力者もボランティアである。それどころか学会費を支払っている。もちろん目録編集をしても本業の業務量は減らない。

それでもなお刊行に至ったのは、我々が編集のプロではなく研究のプロだったからだ。目録第7版の賞味期限は10年だ。2022年には第8版が出版され、過去のものになることを運命づけられている。古い目録が時代遅れになることは研究者としての喜びだ。なぜならば、それこそが鳥学の発展の証拠だからである。

## 2　太平洋ひとりぼっち

今、ホテルの一室にいる。

部屋にはネットが繋がっており、娯楽には困らない。1階にはレストランがある。ランドリーサービスもジムもある。そして私はインドア派だ。

ホテルで論文を書き、給料を得て、支払いをする。食事も運動も館内で完結する。いずれ退職し、年金生活に入る。

ホテル生態系の中で生きていけたらいいなぁ。いずれ我が同胞は移動力を低下させ、脚が痩せ細る。ウェルズ型火星人は私の子孫の姿だったのか。

そこでアラームが鳴る。仕事の時間だ。現実に引き戻され、ホテルを後に雑踏に混じる。

## ６つの手がかり

唐突だが、火山列島には陸鳥が6種類しかいない。

イソヒヨドリ、カラスバト、オガサワラカワラヒワ、ウグイス、ヒヨドリ、メジロ。頭文字をとると、イカオウヒメ。よし「イカ負う姫」と覚えよう。

いや、姫の立場でありながらイカを背負うのはあまりにも非現実的だ。現実感がなくては語呂合わせでも覚えづらい。ここはリアリティを重視して「イカ追う姫」にしよう。ビジュアル的にはアリエルでよかろう。

さて、アリエルの住む海には多数の島が浮かぶ。そして島では、鳥の移動性が低くなる進化が起こりやすい。

海にポツンとした島に住む。そんな場所で中途半端な冒険心に駆られると大変だ。周囲は海まみれでろくに陸がない。島から離れた鳥はクジラの胃の中に住み、いずれ来るピノキオを待つしかない。

一方であまり移動しない個体は島で平凡な人生を送り、同じ性質の子孫を残す。このためインドア派が増え、移動性の低い集団ができ上がる。

なにより飛ぶには大きなエネルギーが必要だ。空飛ぶドローンは地を這うラジコンカーの何十倍もバッテリーを消費する。飛ばずにすめばすませたい。

だが、この話には非現実的な設定がある。実は島はポツンとしていない。ハワイもガラパゴスも確かに孤立しているが、諸島内には多くの島がある。島がある場所にはもちろん島ができる条件があるため、島は諸島になりやすい。オアフ島からモロカイ島までは約40㎞、サンタ・クルス島からサンチャゴ島までは約20㎞しかない。並べたサメの上を歩いていける距離だ。

島がたくさんあれば、鳥は島間を行き来できる。しかし、現実には諸島の内部でも移動をやめていく鳥たちがいる。移動する鳥と移動しない鳥の違いはいったい何か。その疑問を解くため、着々と準備を進めてきた。

火山列島には三つの島がある。まず南硫黄島、60㎞北に硫黄島、さらに70㎞北に北硫黄島だ。火山列島から150㎞北には小笠原群島がある。小笠原群島と火山列島は、ともに小笠原諸島を構成する島々である。

適度に散らばった島と6種に限られた鳥。研究対象としてうってつけだ。

これらの鳥が島間を移動しているのか、はたまた移動せずに引きこもっているのか、まずはそれを明らかにする。DNA分析を行えば、島間で交流があるかどうかがわかる。鳥に足環をつけて追跡してもよいだろう。

そして、移動する鳥としない鳥が、それぞれどんな条件を持つかを明らかにするのだ。私の中のホームズが謎を解きたがっている。

## イカは飛ぶ

まずはイソヒヨドリだ。この鳥は雑食で、オスは青い背中と赤い腹を持つ。寝転んだキカイダーのような配色で、全国の海辺など開けた場所に住む。

しょっぱなから残念なお知らせだが、この鳥のＤＮＡ分析はまだ行われていない。足環を装着しての追跡もしていない。

全ての島について丁寧に研究するのは理想的だ。完璧主義的な達磨大師型研究者ならそうすることだろう。しかし、私は拙速上等ねずみ男型研究者であり、労力と時間のコストダウンのため見切り発車する８割主義者だ。

だからといって、知見が何もないわけではない。

この鳥は小笠原諸島の西之島という島で稀に観察される。ここではイソヒヨドリは繁殖しておらず、最も近い島は１３０㎞先だ。つまりこの鳥は１３０㎞以上移動するということだ。

それなら、火山列島内での島間移動は問題ない。１３０㎞が可能なら１５０㎞もいけるね。小笠原群島と火山列島の間でも行き来があるとみて良かろう。

根拠の薄弱な鳥は早めに切り上げ、次はカラスバトに注目だ。

カラスバトは小笠原群島にも火山列島にも分布する種子食の鳥だ。この種については現在国立環境研究所にいる研究者によりＤＮＡ分析が行われ、両地域の間で遺伝的な交流があることがわかっている。

それだけではない。環境省、林野庁、東京都、ＮＰＯ法人小笠原自然文化研究所が中心となり、カラスバトへの足環の装着が精力的に行われている。その上で東京都が北硫黄島で調査したところ、小笠原群島で足環をつけた個体が何度も観察されている。

これら2種の鳥は広く島々を移動しているのだ。

## 追うか、追わないか

3番目はオガサワラカワラヒワ、種子食の小鳥だ。この鳥は東アジアに広く分布するカワラヒワの亜種とされてきたが、最近の研究から独立種とすべきと提唱されている。

非常に残念なことだがこの鳥は小笠原の多くの島で局所絶滅しており、火山列島では南硫黄島だけ、小笠原群島では母島属島だけでしか繁殖していない。

つまり、他島でこの鳥が見られれば、島間を移動したのだとみなせる。

ではこの鳥の観察記録を振り返ってみよう。まず母島列島では、この鳥は無人の属島で繁殖し、その後に母島に渡ってくる。これは足環をつけた個体で観察されているので間違いない。

母島と属島の距離は約5㎞。走り幅跳びの世界記録はマイク・パウエル氏の約9ｍ。翼のないパウエル氏でも555人がかりなら到達可能な距離と考えると、鳥ならさもありなんというところだ。

続いて火山列島での記録だ。南硫黄島から約60㎞離れた硫黄島では、２０００年3月にカワラヒワのなかまが観察された。南硫黄島から約１３０㎞離れた北硫黄島でも２０００年6月に観察された。カワラヒワとオガサワラカワラヒワは外見が似ているため、これらの島で見られたのがどちらなのかは正確にはわかっていない。しかし、分布を考えるとオガサワラカワラヒワと考えるのが合理的だろう。北硫黄島の記録は、もしかしたら１５０㎞離れた母島列島からの移動の可能性もある。

また戦前の記録では、父島には約60㎞離れた聟島から季節移動してくると書かれている。いずれにせよ、この鳥も小笠原群島と火山列島ぐらいの距離なら移動可能と考えられそうだ。

さぁ、次なる4番目はウグイスの番だ。小笠原諸島のウグイスは固有亜種ハシナガウグイス、昆虫が好きな雑食の鳥だ。

この鳥のＤＮＡ分析は、現在鹿児島大にいる研究者により実施された。その結果、火山列島のハシナガウグイスは小笠原群島から来たことがわかっている。しかし、現在は小笠原群島と火山列島の間では交流がなく、それぞれ独自のＤＮＡ配列を持っている。

火山列島の内側を見ると、ウグイスは南硫黄島にだけ分布し、北硫黄島と硫黄島では戦後の観察記録はない。過去にはこれらの島にもいたのだが、すでに絶滅している。

ウグイスはご存知の通り目立つ声で鳴くため、頻繁に島間移動していれば見つかりそうなものだ。記録がないということは、おそらく火山列島内でもあまり移動していないのだろう。

## ヒメはご機嫌麗しゅう

ヒメのヒはヒヨドリのヒ、ヒメのメはメジロのメだ。いずれも日本全国の森林に分布する雑食性の鳥である。彼らは、小笠原群島と火山列島の間で交流がないと断言できる。

小笠原群島には亜種オガサワラヒヨドリがおり、火山列島には亜種ハシブトヒヨドリがいる。後者はくちばしが太く、形態的に大きく異なる。国立科学博物館の研究者がDNA分析をした結果でも、両者の間には交流がないことが示されている。ただし、火山列島内の3島では同じDNA配列が見つかっているので、列島内の移動はあるかもしれない。

最後はメジロである。火山列島にいるメジロは亜種イオウトウメジロだ。小笠原群島には今は人為的に持ち込まれたメジロがいるが、自然分布はしていない。

ヒヨドリのDNA分析をした研究者は、メジロの分析も行っている。その結果、硫黄島と南硫黄島のメジロはそれぞれ独自のDNA配列を持つことが示されている。つまりこのメジロは60㎞程度の島間を移動していないのだ。

というわけで、6種の鳥の結果が出そろった。

イソヒヨドリ、カラスバト、オガサワラカワラヒワは小笠原群島と火山列島の間でも移動できると考えられるが、他の3種は移動しない。ヒヨドリは火山列島内では移動をするが、ウグイスとメジロは火山列島内でも移動をしない。

ではその違いを推定してみよう。いよいよホームズの登場だ。

カラスバトとオガサワラカワラヒワは種子食だ。植物の結実にはしばしば豊凶がある。ある年には多く実り、翌年は凶作になることもある。台風の影響で結実が減ることも珍しくない。だが、ある島では凶作でも、別の島では豊作かもしれない。150㎞離れた島なら台風の影響も異なる。生産量が変動する種子に頼る鳥にとって島間移動は生き残るための術だと言えよう。

一方で他の鳥は雑食性だ。昆虫やクモなど多様な動物質と、果実を中心とした植物質を食べる。ビュッフェ形式で様々な料理を食べる彼らなら、食物の量が年により大きく変動することは少ない。

しかし生息環境には違いがある。イソヒヨドリは海辺などの開放地、ウグイス、ヒヨドリ、メジロは森林に住む。小笠原の島はもともと森林に覆われていた。このためイソヒヨドリが好む海岸の開放地は狭く、愛想の悪い帽子パンのつばぐらいしかない。

生息地が狭ければ個体数も少ない。数が少なければ絶滅しやすい。

イソヒヨドリにも社交派とインドア派がいただろう。インドア派は少数で孤立して絶滅しやすく、島間で交流する社交派は絶滅確率が低下する。そうして移動性の強い集団となったのだ。

一方で小さな島でも森林はある。たとえば南硫黄島は面積約3・5㎢しかないが、広く森林が覆っている。仮にメジロが1haあたり1ペアとしても700個体が住める。それなら島ごとに独立して存続できそうだ。

森林性の雑食の鳥があまり島間移動をしないのは、小さな島でも十分な資源が確保できるからだろう。

ヒヨドリは火山列島内では島間移動がありそうだが、メジロとウグイスはそうでもない。その違いは体重と見た。メジロは10数ｇ、ウグイスは約10ｇ。しかし、ヒヨドリは60～80ｇだ。より多くの資源が必要なヒヨドリが絶滅しないためには、島間移動が必要なのかもしれない。これがホームズの結論だ。島の鳥の移動性は、食物と生息場所と体のサイズによって決まる。

さて、ここでもう一つ疑問が生じる。

川上、何も分析してないよね？　着々と準備を進めて分析してきたのは、全部別の研究者だよね？

ホームズは自ら積極的に現場を検分して推理を進める。しかし、時には他者からの情報だけを頼りに謎解きに耽《ふけ》ることもある。そんなスタイルを安楽椅子探偵と呼ぶ。

ホテル生態系の中で暮らし、他者の研究成果を並べて延々と鳥のことを考えるだけ。そんな生活も悪くない。メジロやウグイスが移動性を失うメカニズムが、私にはよくわかる。理屈ではなく、心でわかる。

安楽椅子研究者、万歳。

## 3　真夏の夜の夢

C‐130はロッキード社のベストセラー輸送機だ。シルエットはダボハゼ風だが、高い輸送性能から世界中で活躍する。4基のターボプロップエンジンが奏でる爆音には耳栓が不可欠である。

エンジン音が収まると、パイプフレームが軋む吊り下げ椅子から解放される。ダボハゼの腹を抜けて4時間ぶりに大地に足をおろす。滑走路は照りつける日差しで揺らめいて見えた。日に焼けた地元の人がニコニコと出迎え、私たちを観光用看板へ誘う。まずここで記念写真を撮るのが島の慣習のようだ。木彫りの看板が赤字で自己紹介をしている。

「ようこそ南鳥島へ　日本最東端の島」

出迎えてくれたのは、海上自衛隊南鳥島航空派遣隊の隊長だ。

## 18時間

地球の表面は多数のプレートに覆われている。日本を支えるプレートはそのうち4枚だ。関東以北は北米プレート、中部以西はユーラシアプレート、伊豆諸島や小笠原はフィリピン海プレートの上にある。

もう1枚は太平洋プレートだ。日本海溝の東に広がり、広く太平洋の海底を支えている。小笠原諸島の端に位置する南鳥島は、日本で唯一この太平洋プレート上にある島だ。

環境省がこの島に鳥獣保護区を設定するにあたり、私が現地調査に行くことになったのは2007年7月のことだ。

島には、自衛隊、気象庁、海上保安庁の職員約40名が常駐していたが、民間の空路はない。環境省から防衛省に協力を要請し、自衛隊機に搭乗させてもらったのである。まずは快く受け入れてくれた防衛省にお礼を申し上げたい。

面積は約1・5㎢。直径40㎝のマルゲリータピザ換算なら1200万枚相当である。1200万人で食べたら1人1枚しか配給されない程度の小島である。

調査では鳥とともに他の生物のデータも取りたい。だが、輸送機に確保できた席は環境省の担当官と私の2名分だけだ。

輸送機の運行は1週間に1度しかない。2人とはいえこの小さな島なら1週間で各種の調査が完遂できるだろう。

「何を勘違いしてるんですか。行った便で帰るんですよ」

ん？　どういうこと？

南鳥島では農業も漁業も行われていないため、全ての物資は島外から輸送される。2人の人間を1週間養うには、数十キロの物資が必要になるが、この島にそんな余裕はない。

カボチャの馬車は物資や人員を搭載して15時に島に到着する。この馬車は翌日の朝9時に島を離れてカボチャに戻る。

私に与えられたのはその間の18時間だけだ。

## 海鳥楽園後始末

右も左もわからぬ我々の身を案じ、ありがたくも隊長がガイドを買って出てくれた。まずは車で島の全域を回り、環境を把握する。

南鳥島はとんがりコーンのような形をしている。とんがりコーンを立てた形ではなく、うまく膨らまなかったぺちゃんこタイプだ。平たくいうとマルゲリータピザを8等分したような三角だ。最高標高はわずか9mの平坦な島で、中央にはちょっとした森林があり、周囲には草地と低木が散在している。

とんがりコーンの西側の辺に沿って滑走路がある。隊長によると、滑走路に降った雨水を集めて活用しているらしい。小さく平らなこの島には淡水系がない。海水の淡水化装置も調子が悪く水は貴重なのだ。

滑走路の南端の浜辺に行くと、我々に驚いて鳥の群れが飛び立った。セグロアジサシだ。ざっと３０００個体ほどいそうだ。

海岸沿いの古い建造物の上ではクロアジサシが繁殖している。滑走路脇に生える木の陰にはアカオネッタイチョウの雛が育っている。

「冬にはコアホウドリの巣も一つだけあったんですよ」

現地に滞在する気象庁の職員がそう教えてくれた。

この島は海鳥の島なのである。ただし、今見られる鳥達は本来の姿のほんの一部だ。

１８９６年、この島に約20人の日本人が移住した。海鳥がいたからだ。

当時は11種の海鳥が繁殖していた。小笠原諸島内で最多の海鳥繁殖種数である。オオグンカンドリやコミズナギドリなど、国内ではここでしか繁殖記録のない種もある。数十万、もしかしたら数百万の海鳥がいたかもしれない。

その頃フランスやイギリスでは、羽毛寝具や白い羽毛を飾った帽子がもてはやされていた。おかげで海鳥の羽毛は日本の重要な輸出産品となった。南鳥島にいたコアホウドリはその原料である。捕獲した鳥の翼の羽毛は装飾品に、体の羽毛は布団の材料に、肉や卵は食用に、内臓や骨は肥料に利用される。コアホウドリだけでなく全ての海鳥が経済価値を持ち、また島に住んだ人たちの食生活を支えた。

１９０２年に島を訪れたブライアン博士の記録によると、多産していたはずのコアホウドリとクロアシアホウドリはほぼ絶滅状態にあり、その他の海鳥もすでに激減していたようだ。海鳥がいなくなると、経済活動の対象はグアノの採掘に代わる。グアノは海鳥の糞が蓄積したもので、リンと窒素を多量に含む。化学肥料が開発されるまでは、肥料としてこれもまた重要な産物となった。

島の暮らしは楽ではなかったと記録される。台風が来れば平坦な島は高波に沈む。水や食料は不足し、衛生環境の悪さは感染症を誘う。１９３０年代には島の短い歴史に幕が引かれ、静かな無人島に戻った。

調査をしていると、島の東岸に大きな魚雷が放置されているのが目に入った。最近の大型台風で打ち上げられたそうだ。

南鳥島の名前は天気予報ぐらいでしか耳にしない。しかし、そんな島にも人が住んだ過去があり、その痕跡が残る。

ここは深い傷を負った島なのだ。

## 夜はこれから

島の概要が把握できたので、本格的な調査に入る。入ろう。入ろうと思った。

まずい、計算ミスをしていた。

7月だから日没は19時頃とタカを括っていた。しかし、ここは日本最東端だ。まだ17時半だというのに、夕陽が水平線に姿を消してしまった。予定が狂った。

だが、フィールドでは不測の事態が起こることは珍しくない。こういう時こそ調査者の真価が問われる。まずは夕食を食べながら計画修正を図ろう。

食堂でカレーを食べ終わると、やおら宴の支度が整えられる。明日の便で2人の隊員が本土に帰任するため送別会が行われるのだ。我々もお誘いいただきご相伴に与る。狭いコミュニティで固辞するのは無粋というものだ。いやはや、まずは一献。

もちろん無為に酔っ払っているわけではない。これは現地の人から自然の様子について情報収集するヒアリング調査である。

20時を過ぎた。そろそろマズいかもしれないな。しょうがない、行くか。

廊下に並ぶ「寄生獣」を全巻読破したい欲求に駆られる。一般人がいない環境にありながら宿舎のドアに貼られた「自衛官募集」のポスターも気になる。しかし、残り13時間を切った。

環境省の担当官を残して一人夜の島に躍り出す。勝負はここからだ。

まずは、ブラックライトで昆虫を誘引する。飛んできた昆虫が衝突するようプラスチックの板を立てその下に水盤を置く。明朝には水に浮かぶ虫が多数回収できる。

次は魚肉ソーセージを置き、自動撮影カメラを向ける。これで外来種のネズミを撮影する。

宿舎のライトに張り付くヤモリを捕獲し、サンプル管に保存する。どれも外来のヤモリだ。歩きながら手当たり次第に植物を採集する。種類の判別は後日でよかろう。時間がないので、同時並行で調査を進めながら暗い島中を歩き回る。

実は私には二つの秘密夜行ミッションがある。ミナミトリシマヤモリとコミズナギドリの探索だ。両者とも戦後は記録されていない。

このヤモリは日本最大のヤモリで、国内では南硫黄島と南鳥島でしか確認されていない。今回の調査の1ヶ月前に私は南硫黄島に行き、調査でミナミトリシマヤモリを捕獲していた。このため脳内には探索像ができあがっている。視界に入れば必ずわかる。

コミズナギドリは夜間に陸地に飛来する。地中で繁殖するため日中は見つけづらいが、夜に独特の声で鳴く。

彼らはまだどこかに隠れているかもしれない。これまでは夜間調査が不十分で見つかっていないだけかもしれない。もし生き残っていたら、必ず検出してみせる。

## 午前9時のシンデレラ

夜中1時半、仮眠をとる。

早朝3時、再び歩き始める。

4時10分、日の出を迎える。

ミナミトリシマヤモリもコミズナギドリもとうとう見つからなかった。自分で探したのでよく実感できた。彼らはこの島ではやはりちゃんと絶滅しているようだ。

奇しくも島の東端にいる。日本で最初の朝日を見ながらとぼとぼと歩いていると、セグロアジサシの死体が目に入る。

頭上には高さ200mを超えるロランタワーを支える細いワイヤーが張られている。飛行中の鳥がワイヤーにぶつかって死んだのだ。

死体には真っ赤なヤドカリが群がる。サキシマオカヤドカリだ。

小笠原の他島で見られるのは多くがムラサキオカヤドカリで、赤いサキシマはほとんどいない。しかし、ここにはサキシマしかいない。

しかもサキシマも普通じゃない。普通は全身真っ赤だが、ここには赤白マダラのめでたい個体や、ほぼ真っ白な個体がいる。そういえば、海外の写真では白っぽいのを見た記憶がある。

小笠原諸島の様々な島で調査をしてきたが、こんな場所は初めてだ。

朝9時、再び輸送機に乗る。搭乗直前に滑走路上でオガサワラトカゲを捕獲してサンプル管にしまう。これで調査は終わりだ。

窓下に小さくなる島の中央にトゲミウドノキの林が見える。日本ではこの島にしか自然分布していない樹種だ。

改めて思うと、太平洋プレート上での調査は今回が初だ。

南鳥島は小笠原村の一部だが、これはあくまでも行政的な区分でしかない。隣の島まで1300㎞も離れ、異なるプレート上にあるこの島の自然環境は、ほぼ小笠原ではない。南鳥島は日本で一番孤立し、一番特殊な地理的条件にある島だ。お目当てが見つからずとも、このユニークな島で調査ができてよかった。調査をサポートしてくれた全ての人にお礼を言いたい。

厚木までは4時間かかる。興奮が収まるとお腹が空いてきた。だが、私は搭乗時に「機上食」と書かれた弁当が積み込まれるのを見逃さなかった。マダカナマダカナ、オベントマダカナ。

1万回ほど呪文を繰り返したところで、ようやく弁当が配られた。

「お疲れ様でした！」

手渡されたのは、厚木基地でカボチャの馬車から降りた後だった。

担当官と2人でうららかなベンチに並び、すっかり冷えた弁当を食べる。

「南鳥島産の弁当なんてプレミアものですね」

「ホカホカのできたてランチよりよほど価値ありますね」

「深く考えちゃダメですね」

「うん、ダメですね」

南鳥島が鳥獣保護区に指定されたのは、その2年後のことである。

# 4　異邦人の境界

## 越えてはいけない

「それは、外来種なんですか？」

　しばしば質問を受ける。

　外来種問題は多くの人が耳にしたことがあるはずだ。

　たとえば、プレデターがエイリアンを地球に持ち込んで放してみたり。たとえば、サイバトロンを追いかけてデストロンが地球を侵略してみたり。多くの外来種が銀幕狭しと暴れ回り、毎度毎度べらぼうな経済的・人的損失が生じている。なお、この場合のデストロンはＶ３ではなく、トランスフォーマーの方である。

私の調査地である小笠原諸島の西之島では、火山が噴火して新たな大地が生じた。この島が持つ科学的価値の一つは、隔離された島でどんな風に生態系が生まれるのか、ということを実証できる点である。

人間が住む場所の近くでは、生態系の遷移プロセスに対しどうしても人為的影響が及んでしまう。しかし、周囲１００㎞以上にわたり陸地のない西之島では、原生状態のプロセスが保存されており、我々はそれを観測できる。

人の影響のない自然な環境でいかに遷移が進むのか。これを実証できる世界的にユニークな場所なのだ。

しかし、そこに問題が忍び寄る。原因はこの島に住む海鳥だ。

海鳥の移動力は半端ない。やすやすと数百㎞を移動し、島間にネットワークを構築する。その際にしばしば羽毛に植物の種子を付着させて運ぶ。

この過程は、西之島の植物相ができる上で重要な役割を果たす。しかし、羽毛に付くのは在来植物の種子ばかりではない。

「西之島には多くの海鳥がいます。海鳥は小笠原の他の島から外来植物の種子を運んでくるでしょう。外来植物は自然に起こる遷移プロセスを阻害します。その侵入を見つけ、初期に排除することが肝要です」

そんな説明をこれまでに繰り返してきた。

するとこんな質問を受ける。

「海鳥は在来の生物ですよね。彼らが運ぶなら、それはもう外来種じゃなくて自然の一部じゃないのですか？」

同様の質問は一度や二度ではないので、特殊な疑問ではないのだろう。

研究者は他者に様々な事象を説明する立場にある。上手に説明するには、口にする10倍ぐらい考えておく必要がある。よし、外来種とは何なのか、いつもの10倍考えてみることにする。

## 自然の本質

生物学者が考えるところの外来種とは、人間によって本来の生息地ではない場所に持ち込まれた生物のことだ。基本的な認識はこれで十分だ。

この持ち込みは意図的だろうが非意図的だろうが関係ない。密航したヒアリやギーガー型エイリアンがコンテナとともに港で桟橋を渡れば、これも立派な外来種だ。

日本で問題となっている外来種の一つにアライグマがいる。北米原産で、ガーディアンズ・オブ・ギャラクシーの人気からペット需要が高まり、後に野生化して問題となった。これは人間が持ち込み、野生化後に自力で分布を広げているので、外来種として異論はなさそうだ。

一方で植物はどうだろう。

空き地や林道などでブドウのような濃紫色の房を見かけることがある。ヨウシュヤマゴボウ、やはり北米原産の外来種だ。

これがマンドレイクやソクラテア・エクソリザといった植物なら自分で歩いて分布を広げる。しかし、多くの植物は自発的な移動が難しく、外的な動力による移動を余儀なくされる。ヨウシュヤマゴボウの場合は、ムクドリやヒヨドリなどに果実が食べられて種子が運ばれる。ムクドリやヒヨドリはもちろん在来種だ。在来種が外来植物を拡散することで問題となることは少なくない。これも典型的な外来種と言えよう。

さて、発端の西之島の件はこれと同じである。たとえばシンクリノイガという外来種は南北アメリカ大陸原産のイネ科植物で、ヒッツキムシ型の果実が服や荷物に付着して小笠原に持ち込まれた。これがミズナギドリやカツオドリなど海鳥の羽毛にも付着し、海鳥繁殖地に分布を拡大している。

ヒヨドリによる拡散は一度に数十mから数百m、空き地から公園までという近距離だ。この規模だとじわじわ拡散している雰囲気があり、なんだか魔の手が迫っている感が醸成される。しかも市街地での出来事なので、いかにも人為的な感じがするところも得点が高い。おかげで外来種と呼ぶのに躊躇《ちゅうちょ》はない。

一方でミズナギドリやカツオドリは野性味にあふれ、海を越えて一度に数百㎞を移動する。無人島から無人島への移動は否応なく大自然の醍醐味を醸し出す。

住宅地のヨウシュヤマゴボウでも小笠原のシンクリノイガでも起こっている現象は同じであ

る。しかし、スケール感と大自然っぽさが、都市化されたヒヨドリとは異なるイメージを作り、「もうそれは自然の一部なのではないか？」という気持ちにさせるのだろう。

外来種は在来の自然の力で拡散する。それは時には鳥であり、昆虫であり、風である。これこそが外来種問題の本質なのである。

## 似て非なる

メガトロンはデストロン軍団の首領である。目的のためには破壊を厭わぬ恐ろしい形相の機械生命体であり、地球に大きな損害をもたらした。その大活躍はまさに侵略的外来種そのものである。

しかし、果たして本当に外来種なのだろうか。

「地球規模で考えると外来種だが、銀河規模で考えると在来種だ。生命体みな兄弟だ！」とか言うつもりはない。

デストロン軍団が地球外から来たことに異論はないが、誰かに連れてこられて来たわけではない。実に自発的に分布を拡大して地球に至ったのである。

デストロンが蹂躙《じゅうりん》した地球という星にはアマサギという鳥がいる。この鳥はもともとはアフリカからアジアの熱帯域を中心に分布していた。それが20世紀の初頭から分布を拡大し始めた。アジアの集団はオーストラリアに、アフリカの集団は大西洋を横切り南米を経由して北米にまで進出した。日本でも以前は沖縄や九州など一部地域でしか見られなかったが、最近は全国的に見られる普通の鳥となった。

アマサギは農耕地を好む。人間が拡大した農耕地に適応することで、急速にその分布を広げたものと考えられる。

しかし、一般にはアマサギを外来種とは呼ばない。彼らは確かに人間の活動にともない分布を拡大したが、人間が運んだわけではないからだ。

冒頭ではエイリアンとデストロンを同じく外来種として例に挙げたが、これは間違いである。エイリアンは確かにプレデターが意図的に持ち込んだ外来種だ。しかし、デストロンはサイバトロンの移動にともない勝手に地球に分布を広げたアマサギ型生命体なのだ。

そう考えると、バルタン星人もメトロン星人も、いわゆる外来種ではないということになる。プレデターが持ち込んだ「あのエイリアン」のみならず、異星人は押し並べて「エイリアン」と呼ばれる。エイリアンとはもともと異邦人を表す英語なので、異星人をエイリアンと呼ぶことは真っ当至極である。一方で、英語では外来種をエイリアン・スピーシーズと言う。同じ言葉が使われるため同一の現象かと誤解を招きやすいが、異星人としてのエイリアンと外来種問題のエイリアンとは明確に区別されるべき存在なのだ。

デストロンはエイリアンだがエイリアン・スピーシーズではない。今日はこれだけ覚えてもらえれば満足だ。

ふむ、やはり10倍考えてみてよかった。

## 第二の疑問

「どうして外来種は外来種だとわかるんですか？」

これは良い質問である。良い質問とはすなわち、あまり聞かれたくない質問である。

人間が持ち込んだ記録があれば、言わずもがなの外来種だ。

原産地が遠くにあり、最近になって人間のいる場所で見つかったなら、これもほぼ外来種と言える。

しかし、そう都合のよい例ばかりではない。

例えばナハカノコソウという植物は小笠原では外来種とされる場合があるが、人間が持ち込んだ記録があるわけではない。住宅地や農耕地、道路沿いなどでよく見つかることが、そう判断された理由の一つだろう。

一方でこの植物は沖縄や台湾、フィリピンなどでは在来種とされる。その果実は粘着質で海鳥の羽毛にもよく付く。この分布を考えると、小笠原にも自然分布していた可能性は十分にある。実際この植物は海鳥の繁殖地によくあるので、個人的には在来種だろうと思っている。

鳥類では、外来種かと噂されていた種が在来種だと判明した例がある。

オナガは日本を含む東アジアに分布する一方、７０００㎞以上離れたユーラシア大陸の反対側のイベリア半島にもいる。このため、イベリア半島の集団は16世紀ごろに東アジアから移入された可能性があると言われていた。しかしDNA分析の結果これらは別に進化してきた集団だとわかり、最近は別種とされるようになった。

逆の例もある。小笠原のムニンデイゴは過去には固有種とされていたが、最近は沖縄のデイゴと同種とされている。そして、自然林にはほとんど生えていないことから、外来種の可能性も指摘されている。

なにしろ、外来種かどうかがわからないことは珍しくないのだ。

## 最後の疑問

賢明な読者諸氏はもう一つ疑問が湧くかもしれない。

外来種は問題である。では外来種でなければ問題ないのだろうか。

アマサギは確かに人間が持ち込んだわけではない。しかし、人間の経済活動を通して分布が拡大したものだ。人為的運搬という行為がなくとも、人間のせいで増えたという事実は外来種と大きく変わるものではない。

幸いにもアマサギは生態系にも経済にも大きな影響を与えていないため、問題となっていない。しかし、もしアマサギが村娘を毎年一人ずつ捕食したり、無闇に魂を吸ったりするようなら、いわゆる外来種でなくとも問題視されることとなっていたはずだ。

その意味で、外来種かどうかは問題の本質ではない。在来生態系の保全という目的こそ本質であり、外来種の管理はその手段でしかないからだ。

西之島では、人為的な影響のない中で原生状態のプロセスを保存することこそが本質である。これを阻害する要因をいかに抑えるかが課題なのだ。

「西之島に海鳥がナハカノコソウを運んできたらどうするか」

この疑問に対する答えは現在模索中だ。外来種なら除去することが原生のプロセスを保存することになる。一方で在来種なら、除去すると自然の営為に逆らうことになる。科学的見地から早急に答えを出すべき課題の一つと言えよう。

そして最後の疑問である。

「なぜそこまでして生態系を保全しなくてはならないのか」

それは我々人類がいわば知への奉仕者だからだ。これを一言で説明するのはいささかハードルが高いため、講釈は後述に譲ることをご容赦願いたい。

# 5　そこにしかいない

## ケントの正体

地球には地球人とクリプトン人という2種の人型固有種がいる。

地球人は、まさに地球で進化してきた固有種だ。

一方でクリプトン人はクリプトン星を起源として分布を拡大し、宇宙各地に進出した。この時点では広域分布種と言える。しかし、母星が惑星崩壊を起こし爆発し、いまや生き残ったクリプトン人は地球にいるクラーク・ケントだけだ。つまりクリプトン人は晴れて地球の固有種となったわけだ。なおここではコミック版ではなく、近年の映画版を念頭に置いているので、スーパーガールはどうしたとかいう批判は無用である。

さて、2020年5月末に新たな固有種の鳥の存在が報道発表された。小笠原諸島のオガサワラカワラヒワだ。字数がもったいないので、ここでは省略してオガラヒワと呼ぼう。この鳥についてはここまでにも何度か登場しているが、改めて詳述したい次第である。

オガラヒワは、東アジアに広く分布するカワラヒワの地域的な集団とされてきた。しかし、DNA分析の結果、オガラヒワは独立種とすべきだと結論されたのだ。

ミトコンドリアDNAのCOIという領域の配列を分析したところ、オガラヒワとカワラヒワには3％以上の違いがあった。1989年に初めて日本に導入された消費税率が3％である。当時の世間に生じたどよめきを思い出すと、この重みがよくわかろう。遺伝的な違いをもとに計算すると、彼らは約106万年前に袂を分かち異なる集団に分岐したと考えられる。今回の研究は山階鳥類研究所の齋藤武馬《さいとうたけま》さんが中心となり進めたもので、私も共同研究者の一人だ。えっへん。

オガラヒワとカワラヒワの姿はよく似ている。地球人とクリプトン人ぐらい似ている。このため、形態的な特徴に注目していた従来の分類で、彼らが同種とされていたのも無理からぬことだ。

実際には別種と考えられるのに、形態が似ているため同種と扱われてきた種を「隠蔽種《いんぺいしゅ》」と呼ぶ。素性を隠して地球人に紛れているクリプトン人はまさに隠蔽種であり、オガラヒワもまたその一例だったわけだ。

オガラヒワは緑褐色の地味な小鳥である。翼のさりげない黄斑がニクイねぇとか、オスの頭の抑えた緑色を見ると心が落ち着くとか、褒めれば褒めるほど地味さが募る。別に嫌いじゃないが、注目するほどではない。そんな不人気種が実は小笠原の、ひいては日本の固有種だったのだ。

## ダブルスタンダード

固有種とは、「ある地域にのみ生息し、他の地域では見られない生物」と言ってよかろう。日本にしかいないヤマドリは日本の固有種、アジアにしかいないヒヨドリはアジアの固有種、宇宙にしかいない宇宙人は宇宙の固有種というわけである。

単純明快かつ簡明直截な定義である。

と思って生きてきたが、鳥は移動性が高いので事情は複雑だ。

日本にはオガラヒワ以外に10種の固有種が生息している。覚える必要はないが、ヤマドリ、ヤンバルクイナ、アマミヤマシギ、アオゲラ、ノグチゲラ、ルリカケス、メグロ、アカコッコ、アカヒゲ、カヤクグリだ。オガラヒワの報道発表資料にそう書いてあるので間違いない。新たにオガラヒワ登場でこれが10%アップとなる。何かと消費税率と縁のある鳥だ。

これらの鳥には共通点がある。全て陸鳥で、海鳥が含まれていない点だ。

実は私は過去にも、広域分布種の小笠原集団が固有種だとわかったと発表したことがある。オガサワラミズナギドリだ。

この鳥は太平洋、大西洋、インド洋に広く分布するセグロミズナギドリと同種と考えられていたが、やはりDNA分析で独立種だと判明した。経緯は第三章の通りだ。

オガサワラミズナギドリは日本の小笠原諸島でしか繁殖していない。しかし、日本でしか繁殖していなくとも、日本固有種とは限らない。なぜならば、鳥は時として長距離移動するからだ。

一般に海鳥は長距離を移動する。例えば小笠原の南硫黄島でしか繁殖していないクロウミツバメは、非繁殖期にはインド洋まで移動する。繁殖地が日本に限られていても、1年の半分を海外で過ごしているようではさすがに固有種とは認められない。

オガサワラミズナギドリも繁殖期以外は海上で過ごしている。ただし、基本的には日本近海でしか見られていない。ここが悩ましいところだ。

日本の陸地は日本の領土である。これを海に拡張したものが領海であり、海岸から約22㎞までが含まれる。ここまでは日本の主権が及ぶので、日本だとしてよかろう。問題はその先だ。

海岸から約370㎞の範囲は排他的経済水域、EEZとなる。その場所の所有権があるわけではないが、日本が独占的に使用することができる。さらに外側には公海が広がる。ここはどの国でもない。

固有種は前述の通りの概念だ。ただし、海域のどこまでなら固有種とするかが特に定義されているわけではない。なぜならば、それは生物学的にはあまり意味のあることではないからだ。

オガサワラミズナギドリは領海の範囲を越えEEZも使用している。おそらくは公海まで足を伸ばしているだろう。ただし、公海上では島の観察者が少ないため、実際の観察記録はほぼEEZの内部と言える。つまり、この島は「日本でしか見られない鳥」ではないが、「日本以外の国では見られない鳥」ではあるのだ。

この状況を甘めに判定し、私はオガサワラミズナギドリを固有種だと発表したわけだ。

一方でオガラヒワの報道発表ではこの鳥を含めずに固有種を10種とした。前述の通り領海外まで利用する鳥を固有種として良いかどうかはグレーゾーンにあるからだ。

それならオガサワラミズナギドリを固有種と言わなければよかったのではないか、良識のある読者は思うに違いない。

しかし、そこはその、なんですか、やはり「固有種が見つかった」とした方が話題になりやすいかと……。

報道発表の目的は、記事やニュースにしてもらうことなので、わかりやすいアピールポイントが必要になる。時には若干大袈裟な演出もやむを得まい。ただし、心の中ではちゃんと「(広義の)固有種」と注釈をつけていたことを申し添えておきたい。

## 固有種の本質

オガラヒワは陸鳥である。このため今回は日本の固有種と胸を張って言えたわけだ。

とはいえ、「固有種」は単なる宣伝用の称号ではない。

オガラヒワは日本固有であると同時に、小笠原固有でもある。彼らは100万年という時間をかけて、島の環境に適応して進化してきた。重要なのは、まさにこの点である。見た目の印象はカワラヒワと似ている。しかし、形態を詳細に分析した結果、二つの点が明らかになった。オガラヒワは体が小さいこと、逆にくちばしが大きいことだ。

カワラヒワはロシアから中国南部にかけて広く分布しており、小笠原の集団はほぼ南端にある。カワラヒワの体重は19〜26gで北方ほど体重が重い。対するオガラヒワは約18gだ。寒い場所では体温を保持しやすい大きな体を持ち、暑いところでは放熱して冷却しやすい小さな体を持つ。これは哺乳類や鳥類に見られる現象で、ベルクマンの法則と呼ばれる。オガラヒワの際立った小ささは、分布地の気温で説明できる。

次にくちばしの長さを見ると、カワラヒワではやはり北ほど大きい傾向がある。各地の集団ごとの平均値は11・5〜13・2㎜の範囲にある。体が大きければくちばしも大きくなるのは自然だ。しかし、オガラヒワのくちばしは平均13・25㎜もあり、カワラヒワの最北集団よりも大きかった。

カワラヒワはイネ科やキク科の小さな草の種を好んで採食する。一方でオガラヒワは樹木の大きな種子も食べる。本州や大陸にはいくらでも草地があり、草の種は汲めども尽きぬ魔法の泉である。しかし、小笠原は小さな島だ。台風がくれば草が枯れ、資源が枯渇することもある。そんな時、大きく強いくちばしを持つ個体は樹木の種子も食べることができ、生き残り、多くの子孫を残せたはずだ。こうして大きなくちばしが進化したと推測される。

オガラヒワはムニンアオガンピという低木の種子をよく食べ、雛にも給餌する。これは信州大学にいた中村浩志先生が発見した特徴だ。アオガンピの仲間は一般に有毒だが、オガラヒワはそんな植物まで活用しているのだ。

カワラヒワはその名の通り河原でよく見られる。水が好きなわけではなく、河原には食物を提供してくれる草地があるからだ。

一方でオガラヒワが河原で見られることは少ない。なぜならば、小笠原にはいわゆる河原のある広い川が少ないからだ。小笠原は今でこそ農耕地や草地が広がる場所もあるが、もともとは広く森林に覆われていた。このため、オガラヒワは低木林を主要な生息地としている。これも彼らが樹木の種子をよく食べる理由の一つだろう。

オガラヒワには島間を頻繁に移動するという特徴もある。特定の島に限定した生活では、やはり食物が不足しやすいことが原因だろう。

小笠原に到達した祖先は、外見を大きく変化させるような進化は起こさなかった。ここには姿が似た近縁種がいなかったため、差別化の必要がなかったのだ。一方で彼らは島の環境に適応し、食性の幅を広げくちばしを巨大化させ、島間移動の習慣を身に付けた。彼らの１００万年は、外見よりも行動の変化に費やされたのだ。

ＤＮＡ分析のおかげで、世界各地で隠蔽種が見つかっている。ただしＤＮＡだけで分類を語れるわけではない。

世の中には外見的には明らかに別種と判断されるが、ＤＮＡではほぼ一緒という例もある。たとえば緑色の頭部が特徴的なマガモと全身褐色のカルガモは、焼きそばとパンケーキほど外見が異なり見間違えようがない。しかし、両者のミトコンドリアＤＮＡの配列には小麦粉と小麦粉ほどの違いしかない。

もしもマガモとカルガモのＤＮＡが化石から見つかったら、彼らは同種と認識されるだろう。一方でカワラヒワとオガラヒワのＤＮＡだけが見つかったなら、別種に分類されるはずだ。別種とする判断は、ＤＮＡと形態を組み合わせて検証する必要があるのだ。

今回の研究で、オガラヒワは遺伝的にも形態的にもカワラヒワと異なり、独立種とするのが妥当だという証拠が示された。この研究を勘案し、日本鳥学会で独立種とするかどうかの判断が下される。結果が公表されるのは２０２２年だ。

なお、隠蔽種は英語でクリプティック・スピーシーズという。クリプトはラテン語で「隠れた」という意味だ。クリプトンという元素があるが、これはアルゴンに紛れて発見が遅れたことから命名されたものだ。

ふむふむ、地球人に紛れて新聞社で働くクラーク・ケントがクリプトン人なのはそういうことか。私はオガラヒワを見るたびにスーパーマンを思い出そう。みなさんはスーパーマンを見るたびにオガラヒワを思い出してほしい。

# 6 インフィニティ・ハピネス・エクストリーム

「あの先輩も昔は鳥を見てたみたいだよ」

「最近は見てないですよね？」

「飽きるとイヤだから見るのやめたんだってさ」

昆虫の研究をしているH氏のことだ。

意味がわからない。何を予防しているのだ？　鳥を見るのはこんなに楽しいのに、飽きるわけないじゃないか。

彼にとって、鳥とは何なのだ？

**あのころ**

鳥を楽しめれば、世界のどこに行ってもハッピーでいられる。

ヒマラヤにはイエティはいても魚はいない。南極には物体Xはいても陸棲哺乳類はいない。魚類親衛隊や哺乳類向上委員会は手持ち無沙汰になる。

しかし、ツルはヒマラヤを越えて遠足に励み、ペンギンは南極大陸で井戸端会議を繰り広げ、ついでに500mぐらい海に潜る。鳥がいないのにウサギやカニがいるのはお月様ぐらいで、鳥は世界のどこでも観察できる。

大学時代に先輩に連れられて鳥を見た。

「あれはカケスだよ」

その時、全ての鳥に名前があるという至極当然のことを初めて知った。「言葉」でなく、「心」で理解できた。

それまではただの物体だった。いや、物体の存在すら認識していなかった。だが、名前がつくことで突如世界が立体的になる。植物にも昆虫にもみな名前があった。何もない平板な背景に奥行きと彩りが満ちていく。その日から世界が回り始めた。

バットマンとして悪を成敗していたマイケル・キートンは、25年後にスパイダーマンに成敗された。白いリングでクスリをキメてスタローンと殴り合っていた人間核弾頭は、25年後にもクスリをキメてスタローンと闘っていた。

俳優の名前を知らなくとも映画は楽しめるが、知っているとさらに楽しめる。

鳥も同じだった。見分けがつくと俄然楽しくなる。

まずはスズメを覚える。頬が黒いのがスズメだと知れば、頬の白い小鳥を見てホオジロだとわかる。白いのが目の周りならメジロである。見るべきポイントがわかれば、ドミノ倒し的に鳥の秘密が解き明かされる。

人間は未知が大好きだ。世界を股にかけて秘宝を探すインディアナやララの姿は、いわばヒトの本質である。

人類がまだ記録していないような新種の鳥を探すのは骨が折れるが、自分の初対面を探すのは難しいことではない。初見の鳥と出会えば嬉しくなり、次の刺激を探す士気が上がる。

世界には無数のイースターエッグが隠されている。お金はあるに越したことはないが、無課金でもそこそこ楽しめる。双眼鏡一つだけでバードウォッチングへインザスカイである。

学生時代は毎週鳥を見に出かけていた。25年以上前のその日、渡り鳥が通過する日本海の小島にいた私は、ゆきずりの女性を泣かせてしまった。

貧乏学生の私はキャンプ場でその辺の雑草を食べていた。スミレは茎も葉も柔らかくて美味しい。カキドオシは胃腸にも良い生薬だ。オオバコは硬いが毒はない。食料がなかったので適当に湯がいてモシャモシャ食べていたら、通りすがりの女性がさめざめと泣き出した。

彼女にも一人暮らしの息子がいた。私の不憫な姿が息子に重なり切なくなったそうだ。

いやはやご心配をおかけして申し訳ない。しかし、旅には倹約が不可欠なのだ。おいしいものを食べるより、バイトでお金を稼ぐより、鳥が見たいのだ。私はたくさんの鳥を見て今とても幸せなのです。貴女の息子さんもきっと幸せですよ。

小笠原諸島で研究を始めた私は、定期船おがさわら丸の甲板で海鳥を探す。片道28時間半の船旅は観察に持ってこいだ。海況が悪いと船が遅れる。通常ならイライラするところだが、私にとっては鳥を観察する時間が増えてむしろ幸せだ。鳥のおかげでポジティブ思考が身についた。

森林総合研究所に就職し、初任地は高尾山の麓《ふもと》にあった。オフィスの背後に広がる森で、ミゾゴイが鳴きヤマドリが威張る。私はそれを毎日観察する。以前は鳥を見るために投資していたが、いまや鳥を見ることで生計を立てられるようになったのだ。

ありがたや、ありがたや。

今日はもしかしたら見たことのない渡り鳥がいるかもしれない。

電源もひみつ道具も不要だ。ただ鳥を見ているだけで楽しいなんて、私はゴールデンハッピーだ。

## いま

プライベートで鳥を観察しなくなったのはいつの頃からだろう。

おがさわら丸での楽しみはｉＰａｄで映画を見ることだ。昆虫調査前には「アンツ・パニック」、火山島への往路では「バーニング・デッド」で士気を高め、海洋調査の帰りは「メガ・シャークvsグレート・タイタン」で気持ちを鎮める。

はたと我に返り、天を見上げて神に問う。

私のトキメキはどこにいった？

H氏のことが頭をよぎる。私は鳥を見飽きてしまったのだろうか。

いや、そんなことはない。鳥を見ると楽しい。一番乗りのツバメに出会えば春の訪れに笑顔が浮かぶ。トンビが油揚げをさらう姿を見れば何かいいことがありそうな気がする。鳥を見るのはウェルカムだし、胸焼けも蕁麻疹《じんましん》もよおさない。

しかし、わざわざ見る時間を作らなくなったのは事実だ。飽きたのではない。満足してしまったのだ。

原因には心当たりがある。職場の環境だ。

私だって鳥を見たいと思うことはある。そういう時は廊下を渡り、階段を下り、味気ない合金のドアを開ける。

そこにパラダイスが広がる。標本室だ。

温湿度が管理された部屋の中、引き出しを開けると約1万個体の鳥の標本が並ぶ。仮剝製と呼ばれるもので、気をつけの姿勢をした学術標本だ。

例えば、アホウドリが見たいと思う。アホウドリの安定した繁殖地は伊豆諸島の鳥島と尖閣諸島にしかない。そして繁殖期以外は海洋上で過ごしている。観察するためには無人島に攻め入るか、船で海上を探すほかない。

だが、私にはそんな必要がないのだ。

標本室の引き出しを開くだけでよいのだ。ここでは珍しい鳥から珍しくない鳥まで、様々な種が簡単に見られる。

揺れる甲板の上から小さな姿を探すのとは訳が違う。くちばしの長さを測り、羽毛の枚数を数えることもできる。遠くから観察するよりはるかに効率が良い。

骨格標本も数千個体分ある。野外ではわからない内部構造まで見られる。ハトの上嘴の骨には大きな穴が開いており非常に華奢で、柔らかく曲げることができる。小さな種子を器用につついばめるのは、この骨格のおかげだろう。

どうやら私にとっては、鳥が生きているかどうかは関係ないようだ。いや、むしろ死んでいた方が観察しやすくてよい。

死んでいるとあまり活動的ではないという点がデメリットと捉えられがちだが、万が一にも死体が活動的だったらむしろ身の危険を感じる。観察の容易さを考えると目をつぶってよいぐらいのアバタモエクボだ。

確かに、日本の鳥全種がここに納められているわけではない。世界の鳥の種数を考えると、標本室にある種数はごくわずかである。だが、幸い私は完璧主義者ではない。

課題の7割程度をクリアするのはそう難しくない。頑張れば8割は達成できるものだ。だが、9割や10割を目指そうとすると、急に難しくなり労力がかかる。私はこの8割ぐらいで満足を得られる8割主義者である。

おかげさまで、野外に行く必要がなくなってしまった。

いや、標本すら見なくてもよい。図鑑で十分だ。

図鑑に並ぶ鳥を見ていると、個々の鳥の観察だけではわからないことが目に入り始める。図鑑には黒い鳥がたくさん載っている。アナドリ、ウトウ、ウミツバメ。ア行の鳥には黒い種が多いのか？　いや、バンやクロアジサシも黒い。これらはみな水辺の鳥だ。どうやら水辺の鳥は黒いようだ。

いや、カラスも黒いしムクドリも黒っぽい。彼らは大きな群れになる。そういえば、水辺の鳥もよく群れる。黒いと目立つ。目立つと友達を見つけやすい。群れるには黒は抜群だ。目立つためなら白でもよかろう。ハクチョウ、サギ、アホウドリ。やはり水辺で群れをなす。水辺の群れにはモノクロがよく似合う。

そういえば、クロサギには黒色型と白色型がある。アカアシカツオドリにも白色型と暗色型がある。白いハクチョウの仲間には黒いコクチョウがいる。彼らにとっては白も黒も同じ意味なのかもしれない。

鳥の楽しみ方は人それぞれだ。鳥の図鑑のバリエーションがそれを物語る。

本棚には多様な図鑑がある。普通の図鑑に鳴き声図鑑。骨に、巣に、羽毛に、卵に、足跡に、糞に、飼い鳥に、料理に、家禽の図鑑。鳥が食べる木の実の図鑑に想像上の鳥の図鑑。見る、聞く、探す、撮る、飼う、集める、食べる、描く、友情を育む。楽しみ方は無限だ。

そして私の楽しみは、見ることより鳥のことを考えることである。

考える材料はなんでもよい。だからこそ鳥を見ない時間も鳥を楽しめる。とはいえ、そんな風に過ごせるのも、これまでに多くの鳥を観察してきたからである。

いまやあまり鳥を見ない私が言うのもなんだが、ぜひ鳥を観察してみてほしい。きっと自分なりの楽しみ方が見つけられるはずだ。

今朝、友人が言った。

「ウコッケイって身も黒いよね」

「真面目なウコッケイは骨まで黒いぞ」

「じゃあ、なんで卵は白いんだい？」

「そんなこと知るかい」

知らないけど、考えてみる。

そもそも黒い卵を生む鳥っているのか？

そういえばエミューの卵は黒いかな。

いや、あれは濃い緑だ。

ウズラ卵には黒斑があるから、あの色素をふんだんに使えば黒い卵を生むのは不可能じゃなさそうだ。

ニワトリは金の卵は生めるのに、なぜ黒い卵は生まないんだろう？

そういえば、暖かい地域の鳥ほど卵が白く、寒い地域ほど褐色が濃くなるという論文を読んだことがあるぞ。黒は熱を吸収して温まりやすい。暖かい地域では黒いとゆで卵になるので光を反射する白卵になるということだな。では、世界が寒冷化すれば卵の暗色化が進むということか。もしかしたら氷河期には黒い卵を生む鳥がいたかもしれない。それはそうと、太陽光で熱した卵は茹でてないからゆで卵じゃないな。一体なんて呼べばいいんだ？

考えているだけで楽しくなる。私はダイナマイト・ハッピーだ。

私にとって、鳥とは娯楽なのだ。

# おわりに　鳥類学者の役と得

## この音楽をあなたに

「いやいや、謙遜なさらずに」

謙遜？　私が？　本当にしてました？

まずは試しに広辞苑を引いてみた。

けん‐そん【謙遜】控え目な態度で振る舞うこと。へりくだること。

そんなことをした記憶はなかったので、念のため引き出しにしまっておいたタイムマシンで過去に戻って確かめてみた。彼の発言の直前に、私はこう言っていた。

「私の研究は経済活動には何の役にも立ちません」

いやいや、これは謙遜では御座らぬ。無用な誤解を呼んでしまい面目ない。

経済活動に役立つ研究は個人生活、企業繁栄、国家存続のために必要とされる。農業被害を減らす害虫防除、おいしいマグロを安価に育てる管理手法、オキシジェンデストロイヤーの開発、いずれも人類に不可欠な研究だ。

マイナスをゼロにし、ゼロをプラスにする。いわゆる応用研究と呼ばれるものだ。

一方で、私が身を投じているのは基礎研究だ。時には火山噴火後の西之島に生き残る鳥を追い、時にはオガサワラミズナギドリは独立種であると囃《はや》し立てる。正直なところ、やらなくても誰もそれほど困らない類のもので、経済的にはゼロをゼロのまま安定的に維持するような研究だ。

営利活動は資本主義の基礎である。経済的な利益を生む研究であれば、受益者により積極的に遂行されて当然である。しかし、基礎研究は成果が経済的利益を生むとは限らない。その点で営利的な受益者が存在せず、実施されることが当たり前とは言えない。にもかかわらずそれがきちんと遂行されるということは、経済的利益を尺度としない大いなる別の価値があることの証左である。

それは、経済活動の「手段」としての価値ではなく、経済活動の「目的」としての価値だ。

私はある時は西之島で見つけた鳥の生き様をお披露目し、またある時はオガサワラミズナギドリの進化の歴史を喧伝してきた。成果は新聞やニュースの片隅を賑わせ、どこかの誰かの目に留まる。「ほほぅこんなことがあったのか。ふむふむ興味深いのぉ」とお楽しみいただく。

人は額に汗しながら労働に励む。その労働で得た貴重な対価を活用して、漫画を読み、音楽を楽しみ、小説に耽り、映画館に通う。これが明日の活力となり、次なる労働意欲をつむぎ出す。

これらは一般に娯楽や文化と呼ばれ、経済活動の目的となるものだ。いわば、そのために頑張って仕事をするようなものであるからして、その存在価値を疑う人はいまい。基礎研究はこれらと同じ部類の価値を持っている。

アリストテレスは人間の本質を知への愛だと説いた。２０００年以上前のこの指摘は正鵠《せいこく》を射ている。人にとって知ることそのものが楽しみであり、楽しみを娯楽と呼ぶなら基礎研究の成果はまさに娯楽なのだ。

ラジオから流れる名曲が情操をかき立てるのと同様に、新聞の片隅に鎮座する研究成果は市井の人々の知的好奇心を刺激する。紳士淑女は音楽に耳を傾けるように新知見を楽しむ。時には奇妙な土偶の発見が、時には新たな彗星の出現が、人々の心を震わせ人生を彩る。

営利と縁遠い研究は民間企業には難しい。このため基礎研究はしばしば公的機関の手に委ねられる。研究者にとっては国家がメディチ家であり、国民がパトロンである。私たち鳥類学者は、ひいては基礎研究者は、科学的発見という娯楽を国民の皆様に提供するために召抱えられた宮廷音楽家である。

これは大変名誉なことである。私の台詞は自らの職に対する矜持でありこそすれ、決して謙遜ではない。

## 科学の役割

「なぜ自然を守るのですか？」

しばしば発せられる保全科学における根源的問いである。

ところで、私は「小笠原諸島世界自然遺産地域科学委員会」という組織に奉公している。漢字なら18字、平仮名なら29字、画数なら165画にも及ぶ鹿爪《しかつめ》らしい委員会だ。

この委員会の目的は、小笠原の自然をいかに保全するかを科学的に検討することだ。

たとえば、小笠原ではトクサバモクマオウという外来樹が増えて増えて難渋している。安直に対処するなら駆除すればよいわけだが、これが最善か否かを検討し、保全のために効果的な方法を示すのが科学者の役割だ。

この外来樹をめぐる種間関係を紐解くと、単純な駆除が相応しくない場合があるとわかる。母島列島の無人島では、絶滅危惧種のオガサワラカワラヒワがこの木に巣を作る。一方で同じく外来生物であるドブネズミはしばしば鳥の巣を襲うが、この木は登りづらいようで巣が襲われにくくなる。要するに外来樹が絶滅危惧種の安全地帯になるのだ。

そこで外来樹を駆除すれば、この鳥は在来樹木に巣を作ることになる。すると、ドブネズミに襲われやすくなるだろう。保全のための駆除が、逆に保全対象の鳥を絶滅の危機に晒す可能性があるのだ。この場合は、外来樹駆除の前にまずネズミを駆除するのが正解だ。

種間に生じる因果関係を客観的に整理し、目的に合致する手法を論理的に提案する。時にはモデルを構築してシミュレーションを行い、最善の未来を導く。現代の保全は科学的手法に支えられている。

なにしろ、自然を守るための「手段」を示す時に科学は極めて雄弁である。

しかしその一方で、自然を守る「目的」を示す時、科学は無力だ。

なぜならば、これはあくまでも思想信条に類いする問題であり、科学的に証明できるものではないからだ。

歴史の中で、自然を守る意義は特に人間にとっての有用性を中心に説明されてきた。なぜならば、それが最も多くの人に受け入れられやすいからである。

曰《いわ》く、野生生物は直接的・間接的に食物として役に立つのだ。

曰く、森林が洪水を抑制し、温暖化を防ぎ、酸素を供給するのだ。

曰く、野生生物から未知の薬効成分が見つかる可能性があるのだ。

曰く、身近な自然はレクリエーション的な価値があるのだ。

曰く、クジラやパンダなどは存在するだけで人に感動を与える芸術的価値があるのだ。

だが有用性を盾にすることは諸刃の剣だ。なにしろ実利がない生物だって世の中にはたくさんいる。

蓋《けだ》し、ほとんどの生物は食物資源にならないよね。

蓋し、希少植物は数が少ないから、絶滅しても森林の機能とか変わらなそうだよね。

蓋し、なんにでもあてはまる「可能性」って、逆に説得力ないよね。

蓋し、誰も行かない無人島の自然なんてレクリエーションに使えないよね。

蓋し、感動を与えないしょうもない生物ってたくさんいるよね。（あくまでも個人の感想です）

有用性を説けば説くほど、有用とされない生物の価値は低下する。有用性を感じない人には、保全の必要がなくなる。

私自身も有用性を保全の根拠とすることに違和感を抱いていた。私が研究し保全を進めている場所は、多くの人にとって縁もゆかりも利益も不利益もない無人島だ。そこで名前もついていなさそうな小さなダニっぽいものが地中でウゴウゴしている。おそらくこれが絶滅しても誰にもご迷惑をおかけすることはなく、気づかれることとすらない。これを守るために、いくら血税を使っていいのだろう。

果たして、有用性を根拠にしていてよいのか。保全にたずさわりながら、何やらモヤモヤを拭いきれなかった。

美麗な鳥類ならいざ知らず、役に立たなそうなこのダニは絶滅してもいいのかい？

こんな夢を見た

「なぜ自然を守るのですか？」

生物が絶滅する姿は見たくないなぁと、心の底から思っている。たとえ見た目に感動を与えなくとも、酸素を供給しなくとも、人間に実利をもたらさなくともだ。

そう感じる理由が、最近になってようやくわかった。

それは、先だってタイムマシンで16世紀に行った時のことだ。ミケランジェロが天使像を前に私の肩を叩きながらイタリア語でこう言った。

「彫刻家は石を彫って像を作るのではない。大理石の中にはすでに天使がいるのだ。彫刻家はその姿を見つけて自由にするだけなのだよ」

嗚呼、さういふことか。おかげで合点が行った。研究者は彫刻家と同じなのだ。

私は自分のことを研究者だ、科学者だ、末は博士か大臣だと胸を張って生きてきた。新知見を発見したと調子に乗ってきた。しかし、その発見はあくまでも発見であり、無から有を生み出したわけではない。

自然の中には多くの知見が眠っている。1種の生物の中にも数億年に亘る進化の歴史が隠されている。事実は最初からそこに内包されているのだ。研究者はそこに既に在る情報を壊れないように取り出しているに過ぎない。

彫刻家は石の中に潜む美に仕える身である。これと同じく、研究者は自然の中に潜む知に奉仕する身なのだ。

人間は新たな知識や経験から刺激を得ることに対して無尽蔵の投資をする。それは紀元前から脈々と行われ、未来永劫にわたり続く営みである。新たな生物を記録し、自然の法則を見出し、便利素材を発見し、蓄積を記して未来に託していく。

生物の絶滅とは、この「知」の源泉となる存在をこの世界から永遠に消し去ることを意味する。未読の書籍を火にくべる焚書にも等しき行為だ。

無人島の地中にいる名も無きダニ一つとっても、そこにはまだ見ぬ知識が満載されているはずだ。どこから来たのか、どうやって来たのか、なぜここにいるのか、なぜここにしかいないのか。知っても経済的効果はないが、知るだけでなぜか少し幸せになる。この生物が絶滅すれば、そんな機会がまた一つ消失してしまう。

自然の推移なら絶滅も仕方あるまい。しかし、知を渇望する人間が、その根源となる英知の泉を枯れさせることは断じて許されるものではない。

今の私たちには全ての知の匣《はこ》の中身を理解できる力量はない。だからこそ、未開封の匣を未来に託したい。自然を守るのは、新たな知の提供という人類の望みを叶えてくれるからに他ならない。知を愛し、敬い、仕える者として、当たり前のことなのだ。

なお、念のため言っておくが、この文章はダニを貶めるために書いているわけではない。私の身近にもダニを溺愛する研究者がいることを思うと、きっとダニも愉快な研究対象なのだろう。ミミズだってオケラだって、みんなみんな愉快な研究対象なのだ。

「どうして鳥の研究をするのですか？」

もちろん、抜群に楽しいからである。

ほかに何か理由が必要かい？

# おわりにのおわりに　ティンカー・ベルのお願い

おわりにの原稿を書き終えた5日後、オガサワラシジミという小笠原固有のチョウの飼育個体群の絶滅が発表された。鳥ではなく、蝶の方のチョウだ。

発表されたのはあくまでも飼育個体群の話だ。しかし、野外でも過去2年ほど確実な観察記録がない。今回の発表は、オガサワラシジミという種そのものがこの世界からいなくなってしまったことを意味しているのかもしれない。

私は、このチョウを守るため関係者が長い間努力をしている姿を見てきた。その甲斐なくこの種が姿を消しつつあることに強い衝撃を受けた。

この本を書き始めるにあたり、一つの目的があった。それは、オガサワラカワラヒワという鳥のことを広く知ってもらうことだ。そのため、この鳥のことを折に触れ登場させた。本文を読んでいただけた方にはすでにお分かりのとおり、この鳥は絶滅の危機にある。

1995年、私は初めて小笠原に行った。その頃にはすでに減少していると言われていた。

しかし、母島ではその姿を容易に見ることができたため、それほどの危機感はなかった。

2000年代に入り、思いの外この鳥を見る機会が減少してきた。2010年代には急激に個体数が減り、過去5年ほどのあいだにみるみる姿を消して行った。

指の隙間から砂がこぼれ落ちていくようだった。

2020年夏、小笠原でこの鳥を調査したが、ほとんど観察できずに時が過ぎた。

「鳥って、絶滅する前はこんなふうになってしまうのか」

無人島の山中でなんだか少しぽかんとしてしまった。

西之島の噴火は続き、島は形を変えている。

文献調査では、戦前には南硫黄島にもハヤブサがいたという記録が出てきた。

この本の制作中にも、研究は進み新たな知が蓄積されている。

変化は万物の理《ことわり》である。オガサワラカワラヒワの状況も変わって行く。

楽観できる状況ではないが、幸いこの鳥はまだ生き残っている。この鳥を守るため、地元を中心に多数の関係者が努力をしている。絶滅させまいと奔走している。

ティンカー・ベルは妖精だ。しかし、子供達が妖精の存在を忘れると姿を消してしまう。オガサワラカワラヒワは、ほとんどの人にとっては見たこともない鳥だろうが、その存在を知っていただき、それを守ろうとしている人々を応援してもらいたい。そのことがきっとこの鳥の存在を支えてくれる。これが叶えばこの本を書いた甲斐があったというものだ。
次にどこかの活字でお会いする時は、是非朗報をお届けしたいと切に切に願っている。

装画　北澤平祐
本文イラスト　畠山モグ
装幀　新潮社装幀室

川上和人（かわかみ・かずと）

1973年大阪府生まれ。東京大学農学部林学科卒、同大学院農学生命科学研究科中退。

農学博士。国立研究開発法人 森林研究・整備機構 森林総合研究所主任研究員。

『鳥類学者　無謀にも恐竜を語る』『鳥類学者だからって、鳥が好きだと思うなよ。』

『鳥肉以上、鳥学未満。』など著書多数。図鑑の監修も多い。

初出　「小説新潮」2018年11月号〜2020年10月号

鳥類《ちょうるい》学《がく》は、あなたのお役《やく》に立《た》てますか？

発　行　二〇二一年　三　月十五日
二　刷　二〇二三年　八　月三十日

著　者　川《かわ》上《かみ》和《かず》人《と》
発行者　佐藤隆信
発行所　株式会社新潮社
〒162-8711　東京都新宿区矢来町71
電話　編集部（〇三）三二六六-五六一一
　　　読者係（〇三）三二六六-五一一一
https://www.shinchosha.co.jp

印刷所　大日本印刷株式会社
製本所　大口製本印刷株式会社


ISBN978-4-10-350912-7 C0095